LAYOUT DESIGN

版式设计

FROM ENTRY TO MASTER
从入门到精通

胡卫军—— 编著

人民邮电出版社
北 京

图书在版编目（C I P）数据

版式设计从入门到精通 / 胡卫军编著. -- 北京：
人民邮电出版社，2017.4
ISBN 978-7-115-43894-2

Ⅰ．①版… Ⅱ．①胡… Ⅲ．①版式—设计 Ⅳ．
①TS881

中国版本图书馆CIP数据核字(2016)第263620号

内 容 提 要

设计师总是不断遇到这样的问题：如何赋予不同内容以合适的外观？如何调动视觉元素、外在形式传达思维信息？解决这些问题是设计的关键所在，也是设计师必备的基本功。

本书主要针对设计专业学生和设计人员，从设计原则、造型要素、变化规律、构图形式、视觉流程及应用等方面，系统阐述了版式设计的基本概念与实践方法，引导读者了解和体验设计中视觉要素、构成要素的表现特点，提高对版面的把握能力，加深读者对版式设计的理解。书中提供了许多不同类型的版式设计实例分析，一是为更好地帮助读者理解、记忆，二是借"他山之石"开阔读者的视野与思维。

本书附赠了20个版式设计模板矢量源文件和600多个版式设计案例欣赏，供读者下载练习。希望本书能够为读者提供积极有效的帮助，激发创作的灵感，帮助读者踏上版式设计的成功之路。

◆ 编　著　胡卫军
　　责任编辑　杨　璐
　　责任印制　陈　犇

◆ 人民邮电出版社出版发行　　北京市丰台区成寿寺路 11 号
　　邮编　100164　　电子邮件　315@ptpress.com.cn
　　网址　http://www.ptpress.com.cn
　　北京捷迅佳彩印刷有限公司印刷

◆ 开本：787×1092　1/16
　　印张：19
　　字数：469 千字　　　　　　2017 年 4 月第 1 版
　　印数：1－3 000 册　　　　　2017 年 4 月北京第 1 次印刷

定价：79.00 元

读者服务热线：(010)81055410　印装质量热线：(010)81055316
反盗版热线：(010)81055315
广告经营许可证：京东工商广字第 8052 号

当下，信息爆炸，传递和表达信息变得愈发重要，作为视觉传达重要手段之一的版式设计，成为我们在平面视觉传达设计过程中重点研究的方面。

版式设计就是在对形、色、空间和动势等视觉要素和构成要素的认识基础上，对它们的组合规律、各种表现可能性及其与内容的关系进行探讨。目前版式设计已经成为艺术设计中一门重要的专业基础课程，与字体设计、图形创意、三大构成和图案设计共同构成设计知识基础平台。

这本书能帮你什么

梳理设计知识，夯实设计基础

很多设计师做设计全凭感觉，殊不知这种"感觉"是在设计知识足够扎实的基础上经过反复、大量地训练获得的，并不盲目。缺乏知识的积累和审美的训练，会让设计没有依据。本书帮助大家从版式设计的基础知识开始梳理，夯实基础，掌握方法，知道设计在设计什么，知道如何设计。

学习设计方法，掌握设计规律

版式设计是不断变化的，但在变化中有不变的原则与规律。本书在讲解基础版式设计知识的基础上，还讲解了在这些"基础"上进行"变化"的方法和技巧，总结规律，研究文字、图片和色彩等对版面的影响，帮助读者更好地做设计。

接触设计领域，明晰设计特点

本书涉及海报、宣传画册、杂志、报纸、书籍装帧和网页设计等不同细分领域的版式设计，帮助大家了解这些设计领域的特点，其版式设计的共同与不同之处，让读者通过案例来接触到这些设计领域，尽可能快地将所学应用到工作实际。

全书内容安排

本书由资深平面视觉设计及教学专家倾力编著，力求让读者对版式设计的基础、概念和方法有全面的认识，力求融科学性、理论性、前瞻性和实用性于一体。本书着眼于实践应用，对具体的设计细节和技巧进行深入细致的剖析。全书共分 12 章，各章内容如下。

第 1 章 版式设计原理，介绍版式设计的概念、特征、基本原理和设计流程等相关内容，使读者对版式设计有更加深入的理解和认识。

第 2 章 影响版式的基础元素，主要讲解"点""线""面"、肌理和色彩等基础元素在版式设计中的作用与使用法则，并且介绍版式的空间构成和多种不同的构图方式，使读者全面了解版式设计中的各种元素。

第 3 章 基本的构图及变化，介绍版式设计的多种基本构图样式，以及版式设计的形式语言和设计原则等内容，使读者能够理解版式设计的多种表现方式和技巧。

第 4 章 版式中图片的编排，主要介绍各种图片的应用形式和编排方法，帮助读者掌握如何在版式设计中更好地突出图片的表现效果。

第 5 章 文字对版面的影响，介绍字体对版式设计的影响，以及版式设计中各种文字的编排方式和特征处理技巧，使版面中的文字更加清晰、易读，并具有很好的表现效果。

第 6 章 色彩在版式设计中的应用，主要介绍色彩的相关基础知识，以及如何在版式设计中更好地通过色彩来突出表现版面的主题、空间感和情感。

第 7 章 海报招贴的版式设计，介绍海报招贴版式设计的特点与创意方法，并通过多个案例的设计分析，使读者理解海报招贴版式设计的方法与技巧。

第 8 章 宣传画册的版式设计，介绍宣传画册版式设计的要点与版面诉求特点，并通过多个案例的设计分析，使读者理解宣传画册版式设计的方法与技巧。

第 9 章 杂志的版式设计，介绍杂志版式设计的元素、设计流程和设计要点，并通过多个案例的设计分析，使读者理解杂志版式设计的方法与技巧。

第 10 章 报纸的版式设计，介绍报纸版式设计的流程与设计要点，并通过多个案例的设计分析，使读者理解报纸版式设计的方法与技巧。

第 11 章 书籍装帧的版式设计，介绍书籍装帧的版面构成、设计特点与设计原则等相关内容，并通过多个案例的设计分析，使读者理解书籍装帧版式设计的方法与技巧。

第 12 章 网页的版式设计，介绍网页版面的构成元素、设计原则和设计构成方法等相关内容，并通过多个案例的设计分析，使读者理解网页版式设计的方法与技巧。

随书附赠资源下载

本书附赠 20 个版式设计模板矢量源文件和 600 多个版式设计案例欣赏，供读者练习。资源文件已作为学习资料提供下载，扫描右侧二维码即可获得文件下载方式。

如果大家在阅读或使用过程中遇到任何与本书相关的技术问题或者需要什么帮助，请发邮件至 szys@ptpress.com.cn，我们会尽力为大家解答。

版式设计的最终目的在于更好地传递信息。只有做到主题鲜明、重点突出、一目了然，并且具有独特的个性，才能达到版式设计的最终目的。

版式设计在不断发展、完善中，由于作者自身水平的局限，本书难以概括当今版式设计的全貌。让我们灵活运用书中的普遍性法则，根据具体设计内容，结合自身体验、素养、造诣和想象力去创造独特优秀的版式效果。

编者

Contents 目 录

第 12 章 网页的版式设计

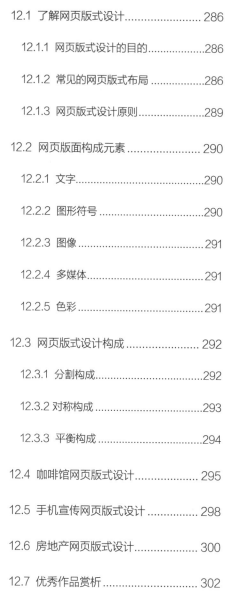

第 1 章
版式设计原理

版式设计是现代艺术设计的重要组成部分，是视觉传达的重要手段，从表现上看，它是一种关于编排的学问，实际上，它不仅是一种技能，更是技术与艺术的高度统一。版式设计是现代设计师必须具备的艺术修养和技术知识。

1.1 版式设计的概念与意义

设计师通过一定的手法,在有限的空间内将各种文字和图片有效地结合在一起,最终使版面显得丰富灵活,或多姿多彩,或庄重沉稳,使读者在视觉上能够直接感受到版面传达的主题,以增强读者的注意力,提高阅读兴趣。

1.1.1 什么是版式设计

版式设计是平面设计艺术中最具代表性的分支,"版式"可以解释为"版面的格式",版式设计也称为版面编排。所谓编排,是根据主题表达的需求,把特定的视觉信息要素(标题、文稿、图形、标识、插图、色彩等)在版面中进行编辑和安排。编排是制作和建立有序版面的理想方式。

版式设计涉及报纸、杂志、书籍(画册)、产品样本、挂历、招贴、唱片封套和网页等平面设计的各个领域。

1.1.2 版式设计的意义

通过上面的讲解,我们可以清晰地认识到版式设计对于印刷出版物版面的重要性,因此不难理解版式设计的意义就是通过合理的空间视觉元素最大限度地发挥表现力,从而增强版面的主题表达,并以版面特有的艺术感染力来吸引读者的目光。

报纸

杂志

1.1.3 版式设计的内容

在现代设计中，版式设计的重点是对平面编排设计规律和方法的理解与掌握，其内容主要包含以下几个方面。

1 对视觉要素与构成要素的认识

视觉要素和构成要素是版式设计的基本造型语汇，就像建房的砖瓦，它们是平面设计的基础。视觉要素包括形的各种变化和组合，色彩与色调等；构成要素则包含空间、动势等组合画面。对视觉要素与构成要素的认知与把握，是版式设计的第一步。

2 对版式设计规律和方法的认识与实践

版式设计构成规律和方法是对平面编排设计多种基础性构成法则的总结，与视觉要素和构成要素的关系就像语言学中的语汇和语法。这其中包括以感性判断为主的设计方法和以理性分析为主的设计方法，对构成规律和方法的认知与实践是掌握版式设计的关键。

3 对版式设计内容与形式关系的认识

正确认识和把握形式与内容的关系是设计创作的最基本问题。内容决定形式是设计发展的基本规律，设计的形式受到审美、经济和技术要素的影响，但最重要的影响要素是设计对象本身的特征。理解内容与形式的关系，恰当运用形式将内容表现出来是平面设计专业学习的基本课题。

4 对多种应用性设计形式特点的认知与实践

平面设计种类很多，在功能、形式上又有很大的变化，在版式设计过程中应该清楚认识和把握各种应用性设计（包装、广告、海报等）的特点。

海报

封面

画册内页

1.2 版式设计的特征

现代版式设计的目的性决定其必须考虑设计内容与形式之间的辩证关系，这种关系影响了版式设计的功能与审美。

1.2.1 版式设计承载信息传播的直接性

版式设计要求将传播内容概括成简练的图形元素，通过对图形元素进行合理化的艺术处理，高度浓缩传达的内容，提升其在版面中的视觉地位，高效地传播所承载的信息。这种信息传播的直接性不是对图形元素的简单编排，而要求设计师充分考虑设计作品的适应范围和信息传达的目的等客观因素。

该产品宣传画册的版式设计非常简洁，通过大幅产品图片搭配简洁的介绍文字，非常清晰、直观地向读者传递了产品信息内容。

1.2.2 版式设计的指示性

版式设计往往是和一定的商品及装饰对象联系在一起的，在设计过程中常常带有特定的指示性，即广告作用。从现代社会的信息传播情况来看，人们接受外界信息的模式发生了巨大变化，版式设计作为具体的视觉传播方式，承载着诸多的指示功能，以强化信息接收者的记忆。

该广告版面通过大幅的新鲜蔬菜照片来表现冰箱的保鲜性能，非常直观和富有想象力。

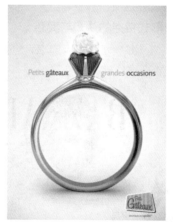

该广告将蛋糕与戒指相结合，寓意蛋糕有如钻石般珍贵，通过夸张的手法给人留下深刻印象。

1.2.3 版式设计的规律性

任何设计艺术都必须符合规律，版式设计也不例外，形式美规律要求版式设计在布局方面追求图形编排的完善、合理，有效地利用空间，规律地组织图形，产生秩序美。这种布局要求图形元素之间相互依存、相互制约，融为一体，达到版面编排的目的。

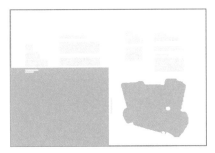 

该画册内页的版式设计遵循了其一贯的设计风格，通过满版图片来突出表现版面的主题，搭配相应的文字内容，使版面安排合理、一致。

1.2.4 版式设计的艺术性

随着现代生活水平的提高，人们对高质量精神生活的要求也越来越高，版式设计不仅要实现其功能性，同时需要塑造优美的视觉形象，实现二者的统一。应该根据美学原则和造型规律，通过清晰明快的现代设计手法，打散、重构图形元素，塑造自由、活泼、形式优美的艺术语言。

该产品宣传画册的版面非常简约，运用大幅的不规则产品图片创造出版面的时尚感，并且应用大小和位置的对比效果，使得版面更加具有艺术感。

1.3 版式设计的基本原理

版式设计中的各种构成元素可以作为彼此的参照物以及对比的依据，从而进行有效设置和调整。

1.3.1 根据内容进行版面的编排

在版式设计的时候，首先需要明确设计的主要内容，再根据主要内容来确定设计的风格和结构，不同内容的版式设计有着很大的差别。

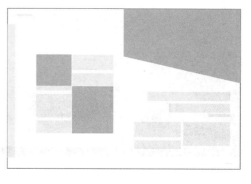

该画册版面使用色块对版面区域进行划分，通过图文相结合的方式来介绍版面内容，并且将右侧页面中的图片处理为不规则的效果，使得版面富于变化，更加生动、活泼。

该画册版面右侧页面使用满版的图片，形成饱满的视觉效果，而左侧页面采用常规的标题加图片加正文的形式，使得版面富有秩序感。

1.3.2 了解版面率

四周留白量对页面版式的安排有非常重要的作用。即使是同样的图文内容，也会因为不同的版面率而呈现出不同的效果。

该饰品宣传画册版面中只放置了退底的饰品图片以及饰品局部放大图片，页面中使用了大量留白，文字内容字号较小，突出了精致的产品，给人典雅、高级的感觉。

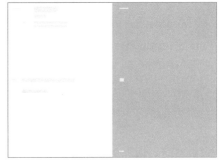

该服饰产品画册中，右侧页面运用满版人物素材图片，使版面显得饱满，左侧页面运用底色与右侧页面形成联系，少量的文字信息配合大面积的纯色空间，呈现出低调、有品位的感觉。

1.3.3　版式设计中的顺序

平面设计中的元素是有先后顺序的，合理的顺序安排能够引导读者看懂设计表达的主题，每个元素的大小、色彩、形状等都会影响整体的顺序。

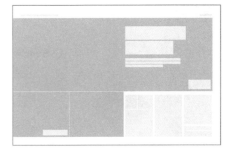

该杂志版面中首先被读者注意到的是顶部大幅图片，接下视线移动到左下方的小图片上，然后再向右看到相应的正文内容，视觉顺序非常流畅。

在该海报版面中，鲜艳明亮的向日葵是最醒目的元素，接下来是向日葵"手"中的啤酒以及旁边的文字，最后是画面右上角的品牌标志。

通过上面列举的版式设计作品，我们不难发现，人们首先注意到并留下印象的元素往往具备以下特征：在整个版面中所占面积最大，或色彩最鲜明，或造型最独特。相同的元素用这些方法处理后，在视觉上可以产生完全不同的效果。因此，在进行版式设计时，利用这些方式来调整版面中各种元素的主次关系，是非常行之有效的。

1.4 版式设计的视觉流程

视觉流程是指人的视线沿着一定顺序自觉移动的过程，这种顺序由特定的基本元素决定，基本元素的选择、编排构成版式形式语言。研究和学习视觉流程，有助于把握版式的逻辑秩序，突出版式设计的目的性。

1.4.1 直线视觉流程

版式设计中，直线视觉流程形式最为单纯。直线视觉流程最大的特点是直击主题，极具视觉冲击力、感染力。直线视觉流程根据直线的方向性可以分为：横向视觉流程、竖向视觉流程、斜向视觉流程、相向视觉流程和离向视觉流程。

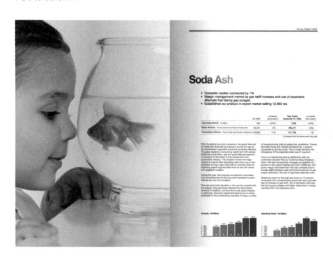
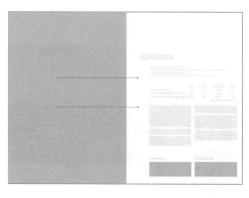

在该画册版面中，左侧页面使用满版图片，右侧页面安排相应的文字内容，采用从左至右的横向视觉流程，给人安静、舒适、温和的感觉。

在该招贴版面设计中，文字内容运用竖排的方式，设计者对主题文字进行了裁切，使得版面简洁、传统，更好地表达了主题。

在该宣传海报版面设计中，设计者采用竖向视觉流程，将文字内容竖向排列，给人简洁、有力、稳固的视觉感受，纤细的字体又能给人女性化的感觉。

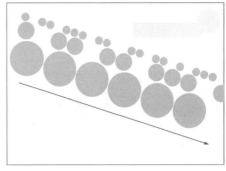

在该画册版面设计中，设计者将版面中的元素沿左上角至右下角进行倾斜排列，形成斜向视觉流程，使版面产生不稳定性，给人带来新意和较强的视觉冲击力。

1.4.2 曲线视觉流程

曲线视觉流程的形式变化多样，可供选择的空间大。采用曲线视觉流程设计的版式极具审美价值。

在该招贴版面设计中，设计者让版面中的文字沿曲线进行排列，图片也采用了曲线裁切，效果统一，给人带来流畅、优美的感受。

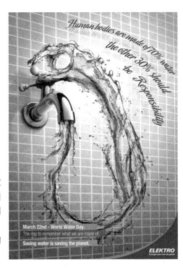

在该海报版面设计中，设计者对版面右下角进行圆弧状处理，并且将版面中的文字内容沿曲线进行排列，让人感觉自然、富有动感。

几何意义上的曲线可以分为无机曲线和有机曲线两大类。无机曲线以工具绘制，规整、理性，如抛物线、S线等。版式设计中的视觉流程按照一定规律的无机曲线设计，版式的秩序感、节奏感强烈。

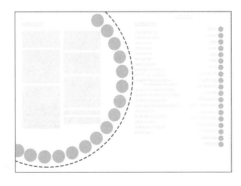

在该画册版面设计中，左侧页面图片沿着圆形路径排列，包围着正文内容，使该版面形成一个整体，这样的表现形式更有新意，有很强的节奏感。

　　有机曲线像生命形态，可以徒手绘制，像树叶外形、动物外形等，它们充满生机、自由圆润。版式设计中的视觉流程按照有机曲线进行设计，能够充分发挥设计师的创造力，版式灵活多样，自主性、个性化表现强烈。

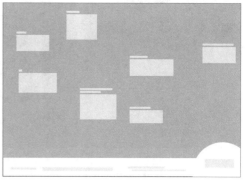

在该画册版面设计中，满版图片是跨页的背景，在跨页版面中随机放置图片与相关的介绍内容，使版面的表现更加自由、随意，具有很强的灵活性和个性。

1.4.3 导向性视觉流程

　　在版式设计中运用一些手法引导读者的视线，使其按照设计者的思路贯穿版面，这就是导向性视觉流程。

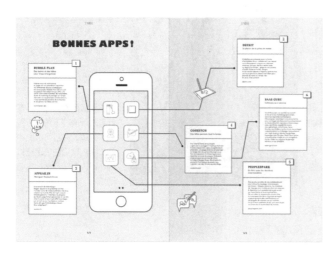
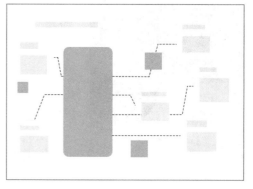

在该画册版式设计中，设计者运用线条来连接相应的介绍内容，使得版面内容形成一个整体，读者通过线条的指示能够顺利查看相关内容，非常直观、清晰。

　　导向性视觉流程主要分为两种类型：一种是运用点和线作为引导，使画面上的所有元素集中指向同一个点，形成统一的画面效果，这就是放射性视觉流程。

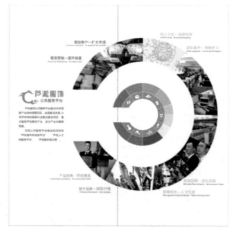

在该画册版式设计中，设计者在圆弧状图形中分别放置图片，并在图片的旁边放置相应的介绍文字，人们的视线会按顺时针顺序依次阅读，版面设计具有很好的视觉导向性。

还有一种是通过点和线的引导，让读者的视线从版面四周以类似十字架的形式向版面中心集中，以达到突出重点、稳定版面的效果，我们称之为十字形视觉流程。

在该画册版式设计中，画面中心的图形能够有效地吸引读者的视线，运用图片方块的编排，可有效突出版面的重点，稳定版面。

1.4.4 重心视觉流程

　　重心是指人生理上的视觉重心，它区别于几何意义上的中心。在视觉流程中，以视觉重心为中心展开版式设计可以根据力学原理进行编排处理。一般来说，重心视觉流程可以从向心、离心以及顺时针旋转、逆时针旋转等方面来考虑。采用重心视觉流程对版面进行设计可以使版面的构成更加鲜明、生动。

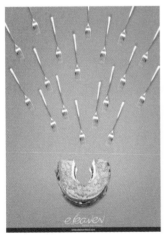

在该海报设计中，海报的重心位于版面底部中心的位置，其他位置的图形都指向海报重心，有效突出了海报的重心。

在该海报设计中，海报的重心位于版面左下角的位置，运用多张倾斜的图片来表现电影人物，给人一种动感，有充满激情的感觉。

在该杂志版式设计中，视觉重心位于左上角位置，视觉元素大小比例的安排以及文字的穿插使版面整体表现活跃、鲜明，而不失重心。

1.4.5 黄金分割位置决定的视觉流程

黄金分割说起来非常简单，无论版式是横向构图还是竖向构图，只需将版面横边与竖边分别以两条直线平分成三份，这四条线交点的位置就是我们所说的黄金分割点，而我们在版式设计过程中，可以将需要表现的主题或重点内容放置在四个交点其中一个的位置上。

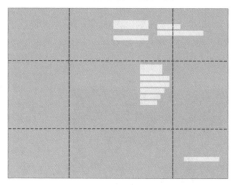

在该宣传广告版面中，产品与介绍文字位于版面的黄金分割点，有效地突出了产品，大幅的人物素材放置在版面的左侧，使版面的表现效果更加丰富。

黄金分割点是版面中视觉感受最为舒适的区域。视觉流程设计中应该充分利用这个位置，将设计内容的主体安排在这里。人们会本能地关注比较舒适的位置，黄金分割位置决定的视觉流程的意义也在于此。

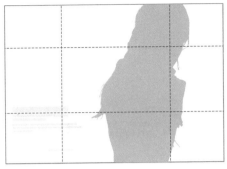

该产品画册版面是非常简洁的设计风格，满版的人物图片放置在黄金分割点上，左侧放置简单的介绍文字，使得版面显得精致而突出。

技巧

"黄金分割"是一种由古希腊人发现的几何学规律，遵循这一规则的构图形式被认为是"和谐"的。众多艺术家，学者都是根据这一伟大规则，创作出一幅幅优秀的艺术作品。

1.4.6 反复视觉流程

反复是指在版式设计中让相同或近似的视觉元素重复出现在画面中，形成一定的重复感。反复视觉流程广泛应用于艺术设计中，可以在视觉上加深印象，增强人的记忆，是视觉传达设计的常用形式之一。

在该招贴设计中，设计者运用重复的图形，每个图形都采用不同的大小和颜色，可加深读者的印象，给人充满动感、有规律的印象。

在该广告设计中，版面下方通过统一展示的方式形成反复的视觉效果，整齐的版式使读者阅读流畅，一目了然。

在该画册版式中，设计者运用重复出现的产品图形来加深读者对产品的印象，并且介绍文字都沿着产品倾斜的角度进行排版，使版面的表现更加动感、自由，但又有一定的条理性。

在版式设计中，对视觉进行反复引导，可以增强信息传播的强度，使版面形式显得有条理，产生秩序美、整齐美和韵律美。

1.4.7 散点视觉流程

将版面中的图形散点排列在版面的各个位置，呈现出自由、轻快的感觉，我们称之为散点视觉流程。

在该画册版式中，右侧版面运用满版图片来突出表现该版面的视觉效果，左侧版面中多个产品图片采用散点放置的方式，使版面呈现出轻松、自由的视觉效果。

散点视觉看似随意，其实并不是胡乱编排的，需要考虑到图像的主次、大小、疏密、均衡、视觉方向等因素，主要分为发射型和打散型两种类型。版面中所有的元素按照一定规律向一个焦点集中，这个焦点就是视觉中心，这样的编排叫做发射型。而将一个完整的个体打散为若干部分，重新排列组合，从而形成新的形态效果，这种的编排方式称为打散型。

在该招贴设计中，设计者运用发射型散点视觉流程将所有不同颜色的图形都集中到主题文字上，突出主题文字。

在该招贴设计中，设计者运用打散型散点视觉流程将版面中的主体图形打散为多个三角形，从而使版面的效果更加突出和个性化。

以上介绍的 7 种视觉流程并不是孤立的，它们之间有内在的联系。版式设计中，不能片面地追求单一设计方式，应该在熟悉各种基本编排技能的前提下进行灵活的运用。

1.5 版式设计的流程

想要设计出出色的版式，首先需要了解版式设计的基本流程。遵循合理的版式设计流程，有利于对设计项目有清晰全面的认知，使设计工作更加顺畅有效。

1.5.1 了解项目内容

首先需要明确设计项目的主题，根据主题来选择合适的元素，并考虑使用什么表现方式来实现版式与色彩的完美搭配。只有明确了项目的设计目的，才能准确、合理地进行版面的设计。

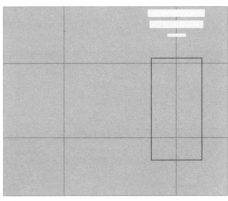

该女式香水海报版面非常简洁，使用同色系进行搭配，将模特与产品图片完美结合，搭配简单的细线字体，突出产品效果，并体现出女性的优美和风韵。

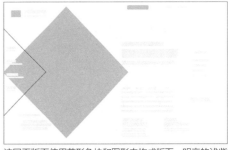

该网页版面使用菱形色块和图形来构成版面，明亮的浅紫色调作为版面的主色调，然后用洋红色来突出重点信息，版面整体视觉效果时尚，富有现代感。

1.5.2 明确传播信息内容

版式设计的首要任务是向用户准确地传达信息。在对文字、图形和色彩进行合理搭配以追求版面美感的同时，对信息的传递也需要准确、清晰。首先，设计师需要了解版式设计的主要目的和需要传达的信息，再去考虑合适的编排形式。

该版面通过简洁的图片与文字搭配向读者传递版面的主题。图片素材的选择很好地体现了主题，版面信息的传递也非常明确。

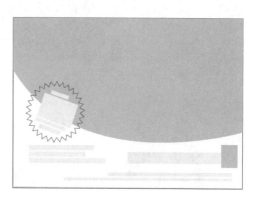

以大幅满版图片作为版面的素材，并且对图片进行圆弧状处理，使版面更加轻松、舒适，重点的折扣信息使用对比色的背景突出显示，版面信息的传递直观、明确。

1.5.3 确定目标用户

版式设计的类型众多，有的中规中矩、严肃工整，有的动感活泼、变化丰富，也有的大量留白、意味深长……作为设计师，不能盲目地选择版式类型，要根据读者群体的特点来做判断。如果读者是年轻人，则适合用时尚、活泼、个性化的版式；如果读者是儿童，则适用活泼、趣味性的版式；如果读者是老年人，选择常见的规整版式并使用较大的字号会比较合适。因此，在设计前对读者群体进行分析定位是非常重要的。

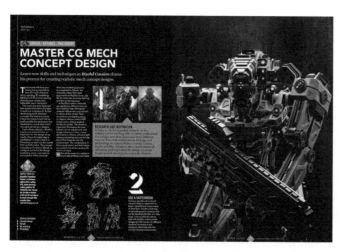

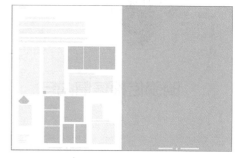

这是一个炫酷的 CG 插画介绍版面，设计者用黑色作为版面的背景色，搭配 CG 插画，展现出非常炫酷的视觉效果。版面中使用白色的文字，并为重点内容搭配橙色的背景，使信息表达也非常清晰。

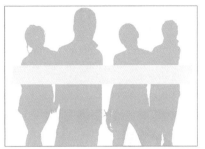

在该产品宣传画册版式设计中，设计者采用简洁的设计风格，用经过退底处理的人物素材横跨整个版面，在人物图片上方叠加大号字体的主题文字，使版面的效果非常突出，给人很强的时尚感。

1.5.4 明确设计宗旨

设计宗旨也就是当前设计的版面需要表达什么意思，传递怎样的信息，最终要达到怎样的宣传目的。明确设计宗旨在整个设计过程中十分重要。

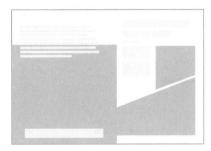

在该汽车宣传画册版式设计中，设计者运用了倾斜及异形的剪裁方式，着重表现汽车的时尚感以及速度感。版面中运用灰色的背景色，也能更好地突出图片中汽车的效果。

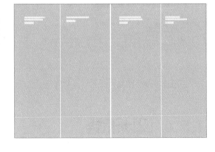

食物能带给人们满足感和愉悦感，在该食品画册版式设计中，设计者运用大幅的精美食物图片展示出食物的精致与诱人，再搭配简短的介绍文字，充分勾起人们的食欲。

1.5.5 明确设计要求

在商业设计中，进行版式设计需要了解设计的要求，以达到广告宣传的目的。有明确的设计宗旨、明确的主题，才能通过文字与画面的结合，给读者留下深刻的印象，将信息准确、快速地传递给受众群体，从而促进商品的销售。

该电影海报运用矩形对主体人物的表现进行限制，将图片与主题文字相结合，很好地表现出主题，给人留下深刻印象。

该美容产品宣传版面，运用与产品同色系的粉红色作为背景色，将产品图片与文字内容左右放置，表现效果简洁、直观。

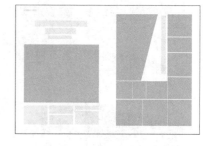

该产品画册左侧页面模特图片与文字内容相结合，介绍产品信息，右侧页面用大小不一的图片来展示产品，版面内容表现得清晰，直接。

1.5.6 设计流程

在开始版式设计之前，需要对项目的设计背景进行调查研究。收集资料，了解背景信息，熟悉背景的主要特征，根据收集的资料进行分析，确定设计方案，然后根据方案来安排设计内容。

完成一个设计方案需要经历的过程叫作设计流程，这是设计的关键。想到哪里做到哪里的方式很可能使设计出现很多漏洞和问题，我们应该按照合理的设计流程来操作。

了解主题，熟悉背景，明确设计宗旨 → 分析项目信息 → 确认设计方案与风格

完成版面设计 ← 手绘版面草图

1. 根据设计的主题和要求，明确版面的开本，收集整理版面相关信息，思考版面的表现形式和设计风格。

2. 可以在纸上手绘结构草图，再确定版面各部分内容的比例，这样便于修改和调整。最后确定整个版面内容的结构和编排形式。

3. 根据确定的内容结构和编排形式，将整理好的图片与文字内容编排在版面上，使版面获得平衡的视觉效果，达到有效传达主题和信息的目的。

1.6 本章小结

　　平面设计离不开版面的设计，后者是平面设计的基础。本章向读者介绍了什么是版式设计，版式设计的意义和内容，使读者对版式设计有更深入的理解。重点介绍了版式设计的原理和视觉流程，使读者可以根据想达到的效果来选择合适的表现方式。

第 2 章
影响版式的基础元素

人类异于其他动物之处是具有语言和思想，人的社会属性更决定了人与人之间必然存在联系。为了交流与沟通，人们需要清晰地表达思想，版式设计的第一个目的正是促成清晰有效的信息传递。为了更好地表达自己，必须找到并运用最合适的表达形式，让受众主动而非被动地接受信息，这是版式设计的更深层次的功能与意义。

2.1 如何在点元素中获取灵感

几何学上，点是一种看不见的实体，因此它被界定为一种非物质的存在。点无大小之分，只有位置。而视觉元素中的"点"有一定的限度，超出限度"点"就会转化为"面"或其他，失去了本来应该具有的视觉意义。

2.1.1 了解"点"的形态

"点"的不同排列能够使版面产生不同的效果，给读者带来不同的心理感受。把握好"点"的排列形式、方向、大小、数量、分布，可以形成稳重、活泼、动感、轻松等不同的版面效果。

该宣传画册，使用黄色的圆点来突出表现相应的内容，黄色的圆点与背景的满版图片形成鲜明的对比，有效地活跃了版面的气氛。

版式设计中常见的"点"的分布形式有：上下式、左右式、左上式、右上式、左下式、右下式、边缘发散式、中心发散式和自由式。其中，边缘发散式和中心发散式都有一定的规律，而自由式没有任何固定的规律，可以任意组合。

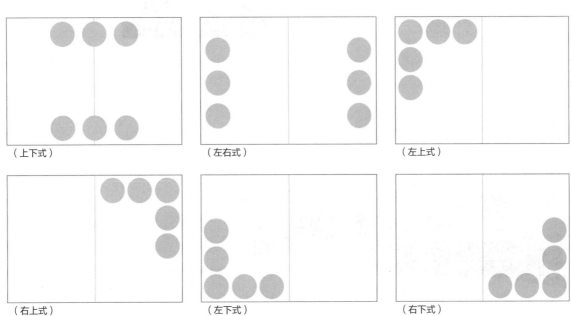

（上下式）　　　　　　（左右式）　　　　　　（左上式）

（右上式）　　　　　　（左下式）　　　　　　（右下式）

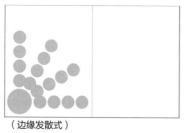
（边缘发散式）

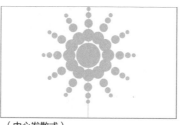
（中心发散式）

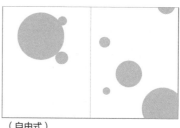
（自由式）

技巧

在版面设计过程中，只要"点"位于版面的上方和下方，不管位置、大小是否一致，是否对齐，都可以看作是上下式分布。同理，中心发散式只需从同一中心向外发散即可，大小、间距等不一定完全一致，在设计过程中应该灵活运用。

2.1.2 "点"的基本表现法则

版面设计中"点"的效果并不是由其大小决定的，而是取决于它与其他元素的比例。圆点是最理想的"点"，但设计中的"点"不仅指圆点，所有细小的图形、文字，以及任何能用"点"来形容的元素都可以被称为"点"。

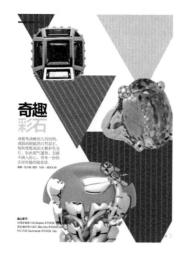

在该宣传版面中，每张产品图片都可以理解为一个"点"，它们突出表现出版面中的重点。

在该电影海报设计中，无数的黑色羽毛从舞裙上飞起，由密集变分散，飘舞在空中，给人运动、梦幻的感觉。

"点"在设计作品中无处不在，在有限的版面空间中，它能够起到点缀画面的作用。版式设计中的"点"更富于灵活的变化，不同的构成方式、大小、数量等都能形成不同的视觉效果。

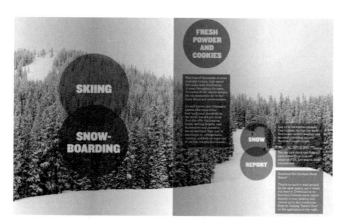

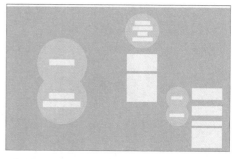

该宣传画册，使用大小、颜色不一的半透明圆形点缀在版面中，与黑白的背景满版图片形成对比，有效地突出版面内容，并且能够活跃版面。

在版式设计中，有两种情形必须考虑。首先注意"点"与整个版面的关系，即"点"的大小、比例。"点"同其他视觉元素相比，比较容易形成画面视觉中心，甚至起到画龙点睛的作用。考虑"点"的大小、比例与版面的关系，是为了获得视觉上的平衡与愉悦。其次，要注意"点"与版面中其他视觉元素的关系，构成版式的和谐美感。

2.1.3 "点"在版式中的构成法则

将数量众多的点疏密有致地混合排列，以聚集或分散的方法形成的构图，我们称之为密集型编排；而运用剪切和分解的基本手法来打破版面的完整性形成的构图效果，我们称之为分散型编排。

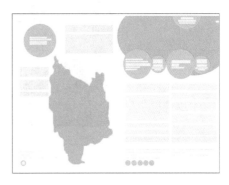

该宣传画册，使用密集型编排，在右侧页面中放置多个"点"，形成视觉的焦点，使版面的表现更加生动，重点突出。

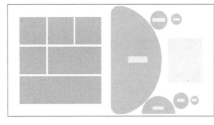

该宣传画册，使用分散型编排来打破常规的"点"的表现形式，运用颜色、大小不一的"点"使版面具有很强的节奏感，并且能够表现出版面的活力。

"点"的不同组合与排列，会给人带来不同的感受，它可以作为画面的主体，也可以与其他元素组合，起到点缀、平衡、填补空间、活跃画面气氛的作用。在版式设计中，不但要考虑"点"的数量和分布方式，还要将"点"放置在适当的位置，不同的位置对版面的效果会产生极大的影响。

将"点"放置在版面中间，以突出主体，使视觉对称，版面形成稳定的效果。将读者视线集中在版面的中间是比较常规的版式。

将"点"放置在版面上方，人们的视线会向上移动，版面上方的重心增强，引人注目。下方的文字则形成下沉的感觉。

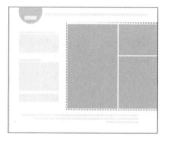

将"点"放置在版面右侧，打破了人们常规的视觉流程，人们的视线会优先放在右侧的图片上，然后再移动到左侧的文字内容上。

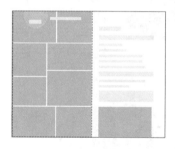

将"点"放置在版面左侧，符合人们从左至右的视觉流程习惯，人们的视线会第一时间停留在版面左侧的图片上，然后再自然浏览到文字内容。

技巧

版面设计没有规定"点"必须放在哪个位置上，我们可以灵活运用"点"来赋予版面丰富多彩的效果。掌握"点"的构成和编排方法，我们能更好地协调版面中的各种关系，使版面效果更加精彩。

2.2 利用线元素表现不同的版面内容

几何学定义中，线是点在移动中留下的轨迹。它是由运动产生的，是对点静止状态的破坏，因此由"线"构成的视觉元素显得更丰富，形式更为多样。"线"在版面中的构成形式比较复杂，分为实线、虚线以及肉眼无法看见的视觉流动线，其中最常见的形态是实线。

2.2.1 了解"线"的形态

"线"是由无数个"点"构成的，是"点"的发展和延伸，其表现形式非常多样。同样是版面空间的构成元素，"点"只是一个独立体，而"线"则能将这些独立体统一起来，将"点"的效果延伸。

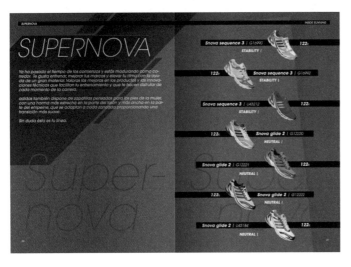

在该宣传画册版面中，右侧页面的每张产品图片都可以看作是一个"点"，而整个页面将多个点连接成一条折线，使得版面活跃、有动感。

在版式设计中，文字构成的"线"可以理解为"点"（单个文字）的流动形成的，它占据画面的主要位置。好的文字编排可完成形式与意义的融合，产生艺术美感。

每个单个文字都可以看作"点"，多个文字连接成"线"，向上倾斜的"线"带来动感的效果。

文字构成"线"，沿人物轮廓排列，构成自由曲线的效果，使版面表现出艺术美感。

在版式设计中，"线"的表现形式主要有水平线、垂直线、斜线、折线、细线、粗线、几何曲线和自由曲线等几种形式。

（水平线：平静、稳定）

（垂直线：力度、伸展）

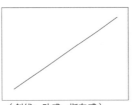
（斜线：动感、指向感）

（折线：锐利感、空间感）

（细线：细腻、精致）

（粗线：厚重、力量）

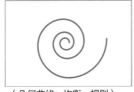
（几何曲线：均衡、规则）

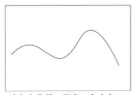
（自由曲线：随意、自由）

2.2.2 "线"在版面中的作用

作为视觉元素，"线"在设计中的影响力大于"点"，它要求在视觉上占有更大的空间。在版式设计中，"线"也可以构成各种装饰要素，起到形成轮廓、界定位置、分割版面的作用。

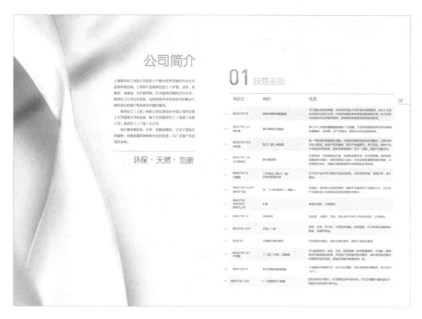

该宣传画册版面，以文字内容为主，使用不同颜色和粗细的线条对内容进行划分，从而使文字内容更加有条理，更加清晰易读。

1 用"线"分割版面空间

版式设计中可以用"线"对版面中的内容进行有效分割。在分割时，不能忽略各种元素之间的联系，要根据具体内容来划分空间的主次关系、呼应关系和形式关系，使版面具有良好的视觉秩序感。常用的分割方式有以下几种。

（01）将多个相同或相似的形态进行空间等量分割，形成富有秩序感的效果。

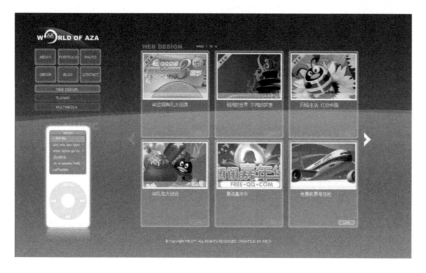

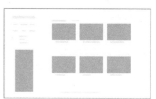

在该网页中，主体内容划分为多个大小相等的空间，从而使各部分内容清晰，整个版面具有很强的秩序感。

（02）运用直线对图文空间进行分割，得到条理清晰、整体统一的版面效果。

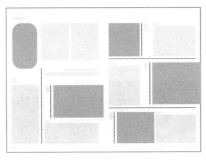

该画册版面采用图文结合自由排版的方式介绍内容,各内容之间用直线进行分割,使内容更加清晰、有条理。

（03）使用线条对版面空间进行不同比例的分割，能够得到具有对比效果和节奏感的版面。

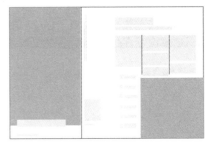

该画册版面运用不同粗细的线条对内容进行不同比例的分割，使版面的节奏感更强，整体效果也比较统一。

（04）在骨骼分栏中加入直线进行分割，使栏目条理更加清晰，内容更易读。

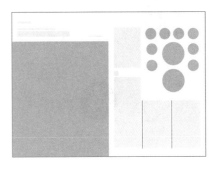

该画册版面，在右侧页面中采用分栏的方式放置正文，在分栏间加入虚线进行分隔，使分栏的条理更清晰，内容更易读。

2 "线"的空间力场

力场是虚拟的，是人的视觉的一种感受。用线条对图片和文字进行划分和整理，能使版面中产生力场，力场的大小与线的粗细和虚实有关，线条越粗、越实，力场越大，反之力场越小。

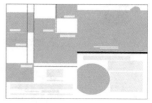

该画册在右侧页面中使用了较粗的实线，力场感较强；左侧页面中使用纤细的浅色实线划分不同场景图片，力场较弱，不会喧宾夺主。

3 "线"的空间约束能力

在设计过程中我们可以根据版面的需要来改变线条的形态，从而形成对版面空间的约束。细线框的版面轻快、有弹性，但约束力较弱；粗线框则具有强调的作用，能够形成重点，约束力较强，但过粗的线条也会显得呆板、沉重。

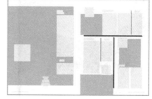

该画册版面使用两条较粗的实线将内容进行划分，使读者能够明确区分相应的内容。因为版面中的实线没有封闭，所以不会给人沉闷、死板的感觉。

2.2.3 "线"在版面中的使用法则

"线"在版面设计中的使用法则包括："线"的情感、"线"的节奏以及"线"的空间。不同的"线"有着不同的情感，在版式设计中有节奏地使用不同的线，能够形成不同的效果。

该网页使用纤细的白色线条对内容进行划分，使内容更具条理。因为线条较细，所以并不会破坏版面的整体视觉效果。

1 "线"的情感

在版式设计过程中，"线"的曲直、粗细、长短、疏密等特征不同，带给读者的视觉感受也会有所不同。

较粗的直线组合几何造型，具有很强的力量感和锐利感，给人强烈、尖锐的感觉。

较细的自由曲线围绕海报中的主题，突出主题，并且给人一种流畅、自由、欢快的感觉。

2 "线"的节奏

在版式设计过程中，将"线"按照一定的规律排列，并在大小、方向、疏密上营造变化，产生有节奏的运动，可以使版面呈现出一定的韵律感。

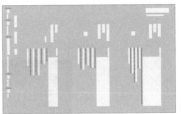

在该网页设计中，版面中的内容采用竖排方式摆放，内容之间使用不同粗细和颜色的线条进行分割，使版面中的内容清晰并具有一定的韵律感。

3 "线"的空间

"线"的起伏造生的视觉空间上的深度和广度，就是"线"的空间。在版式设计中，赋予"线"微妙的变化，可以表现出设计的含蓄与情感。

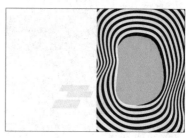

在该画册版面中，右侧页面中较粗的曲线围绕着画面中心，仿佛要吸入一切，具有强烈的纵深感和爆发力，令人印象深刻。

技巧

"线"这一视觉语言基于它们使"点"变成"线"的力量特征及其关系的组合。"线"可以串联各视觉要素，可以分割画面和图像、文字，可以使画面充满动感，也可以最大程度上稳定画面。

2.3 挖掘面元素在版式中的影响力

面是线的发展和延续，将两条水平线和两条垂直线所共同构成的范围就可以在视觉上理解为一个面。版式设计中，"面"是最富于变化的，它包含了"点"和"线"。它既有组成视觉元素——"面"的要求，也有整体版式——作品总的内容和形式的要求。

2.3.1 "面"的形态

"面"作为一种重要的符号语言，被广泛地运用于设计当中，由"面"组成的图形总是比由"线"或"点"组成的图形更具有视觉冲击力，它可以作为重要信息的背景突出信息，达到更好地传达效果。

由于形状和边缘的不同，"面"的形态会产生很多变化，主要分为几何型和自由型两个类型，几何型较为规则、工整，而自由型则更加灵活多变。

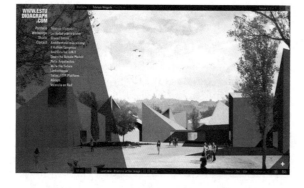
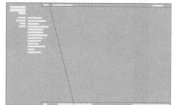

该网页使用图片作为整个页面的背景，并使用几何形状的色块对版面进行划分，使版面中各部分内容清晰，也丰富了网页的表现效果。

该画册版面设计，用不规则图片构成自由型的"面"，放置简洁的文字，整个版面自由、简洁、无拘无束。

2.3.2 "面"的构成法则

"面"是"点"的放大、集中或重复，也是"线"重复密集移动的轨迹和"线"密集的形态。"线"的分割能够产生各种比例的空间，同时也能形成各种比例关系的"面"。"面"在版面中具有平衡、丰富空间层次、烘托及深化主题的作用。

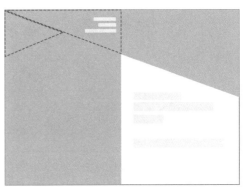

该画册版面，用不规则的几何形状图片与色块相互搭配，分割出多个"面"，使版面的层次更加丰富，表现出一种活跃、欢乐的氛围。

"面"在版式设计中应用最多，存在于每一个版式设计中，一个色块、一片留白、一个放大的字符、一张图片、一段文字都可以理解为"面"。

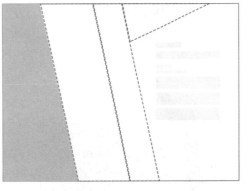

在该画册版面设计中，多个"面"的划分非常清晰，倾斜和几何形状的"面"显得灵动和活跃。

1 "面"的分割构成

　　利用线条将一张或多张图片分割，使其整齐有序地排列在版面中，这种分割编排方式极具整体感和秩序感，给人一种稳定、锐利、严肃的视觉感受。

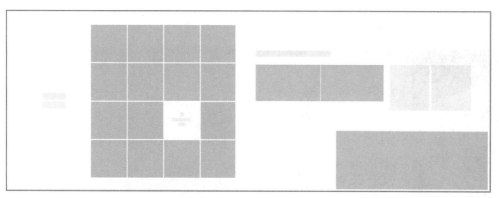

该画册运用版面分割将照片素材分割成多个小块，从而获得一种全新的视觉效果，给人清新、自然的视觉感受。

2 "面"的情感构成

　　"面"可以用来塑造多种情感，展现不同的性格和丰富的内涵，带给人稳重、强势、开阔、立体、饱满等各种不同的视觉感受。

该画册版面的划分非常清晰，左侧页面为满版图片，右侧页面为纯背景色，中间位置放置简单的主题文字，使得版面简洁大方、中规中矩。

2.4 肌理和色彩元素

版式设计中的基础元素除了前面介绍的"点""线"和"面"之外，还有肌理和色彩这两种重要的元素，色彩是版式给受众的第一感受，而肌理则能使表现效果更有质感。

2.4.1 肌理元素表现版面质感

肌理也是一种版式基本要素，有各种粗细、质感与色彩的变化。在版式设计中，肌理的表现是非常丰富的，不同的图片、文字与纸张可以构成视觉品质完全不一样的肌理效果，印刷工艺的发展与革新也可以带来新的肌理，如亚光、上光、凹凸等效果，极大地丰富画面的视觉效果。

1 背景肌理的应用

任何视觉形象的组合，不管它们是图形、文字或底色，不管它们是具象的还是抽象的，其自身也构成一种复合的肌理，应该注意从画面整体出发，研究和调节肌理与内容之间的关系。

该产品广告使用逼真的麻布材质肌理作为版面的背景，使广告具有很强的质感。

该产品宣传海报使用朦胧的背景与清晰的产品进行对比，产生虚与实的反差，更加突出产品。

2 文字肌理的应用

在版式设计中，字体作为肌理的一种表现往往被人们忽视。实际上，文字肌理在编排设计中具有非常重要的意义，它可以为设计者选择字体、字号、粗细等提供视觉上的参考依据。

该活动海报为主题文字选用传统的水墨风格肌理，使得海报主题更加突出。

在该招贴设计中，文字内容用手写涂鸦式的肌理加以表现，版面中的内容进行了透视处理，使得版面的肌理表现突出。

③ 运用肌理对比突出版面视觉效果

肌理的对比是版式设计中最为重要的一种视觉要素和手段，肌理的美感在对比中表现得最为充分，各种视觉要素构成的复合肌理具有强大的视觉表现力。

该画册使用浅色的木纹肌理作为版面的背景，搭配各种食材图片，突出表现食材的新鲜，也能更好地突出版面的主题。

2.4.2 色彩元素表现版面情感

色彩的表现力是较为重要的学习课题。内容决定形式，色彩这种形式语言可以直接将设计需要传达的内容传达给受众。在色彩的各个要素中，色相是最具视觉表现力的。在版式设计中，色相的性质和要表现的内容之间有直接的联系。

该招贴广告使用纯度较低的深蓝紫色作为背景，主体文字则采用多种高纯度色彩，这种对比使版面产生表现力。

该杂志封面使用红色调的图片作为背景，在局部搭配绿色的图形和文字，通过局部对比，使版面展现出和谐之美。

❶ 运用色彩的心理联想

　　色彩可以给人直接或间接的心理联想。这种联想的形成机制和过程是相当复杂的，对食品与色彩的研究发现，翠绿、天蓝、紫色一般和矿泉水有关系，而红色、棕色、黄色和白色总是和面包之类的食物相关，这种由色彩引发的心理联想，大多数与人对客观对象的感受有关。

该海报版面使用浅蓝色和白色的背景衬托绿色产品，表现出产品健康、自然的绿色品质。

该海报版面使用红色作为主色调，搭配黄色的产品图形和白色的主题文字，表现出热情、美味、欢乐的感觉。

❷ 通过色彩组合表现版面

　　色彩的表现常常是通过各种色彩组合在一起的方式进行。色彩的组合构成了色调。更进一步讲，色调有另一层意义，就是指一个画面运用的各种色彩组合中某一色彩的倾向性，设计师总是综合地运用色彩的。大量的版式设计作品都是以色调组合的方式进行的，在版式设计中，色彩的表现力总是建立在色彩的面积及明度、色相的倾向与纯度的综合关系上。这些色彩要素及其关系的每一种变化，都可能给人不一样的视觉感受。

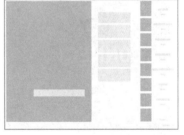

该画册版式设计运用矩形色块来区分不同的内容区域，使内容的划分非常清晰，多种低饱和度色彩的使用，也有效地丰富了版面的表现力，给人一种轻松、活跃、舒适的感觉。

2.5 ▶ 版式的空间构成

　　版面是平面的，但也可以营造出空间和层次效果，这种空间感和层次感是版面元素组成的一种远、中、近的立体空间视觉效果。

2.5.1 版面比例影响空间感

平面设计中的空间感主要依靠版面来表现。其关键在于远、中、近的空间层次关系的处理。最常用的方法是将主体元素或标题文字放大，将次要元素缩小，使版面中的主次、强弱分明，同时可以使版面有更强的韵律感和节奏感。

案例分析

Before

该版面使用了较为保守的编排方式，版面中的图片尺寸相差不大，图文排列非常整齐，对比较弱，难以给读者留下深刻的印象。

After

在版面中对图片有所取舍，在右侧放置满版图片，增强视觉冲击力，将文字内容全部放置在左侧，整个版面张弛有度，富有节奏感。

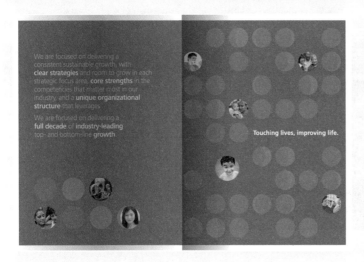

Before

版面中的图片使用相同的形态和尺寸，文字的字号也几乎相同，整体层次感较弱，视觉冲击力不强，给人平淡、松散的感觉。

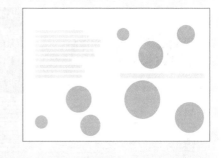

After

将图片调整为不同大小，并将主题文字放大，表现出版面的重心，加强了层次感和视觉冲击力，给人活泼、动感、有活力的印象。

2.5.2 版面位置影响空间感

　　通常情况下，视觉中心是版面中最引人注目的位置，接着由上部至左侧、右侧、下部依次递减。版式设计时，要根据主次顺序，将重要的信息安排在引人注目的位置，其他信息编排在注目程度相对较低的位置，形成版面的空间层次感。

案例分析

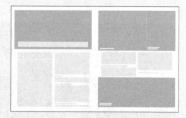

Before

在该版面中，图片都集中在下方，使得版面的重心下沉，读者的视线容易集中在图片部分，而忽略上半部分的文字内容。

After

将部分图片移至版面的上方，使视觉中心上移，也使整体的层次更加丰富，读者的视线会首先被上方的图片吸引，接着按顺序阅读正文内容。

Before

该版面比较简洁，图形符号放置在右侧版面，左侧上半部分的留白较多，显得很空，整体有些头重脚轻。

After

将图形符号放置在左侧版面，突出表现主题，随着图形的引导，读者会将视线自然移至右侧阅读正文内容，整个版面显得更加稳定、自然。

技巧

在版式设计过程中，版面素材的相互叠加放置，也能够形成很强的层次感，但信息的注目程度却相对更低一些。

2.5.3 版面黑、白、灰的层次影响空间感

黑、白、灰层次的概念源于素描，需要注意的是，黑、白、灰仅仅表示无彩色，在彩色的版面设计中，色调之间的关系也属于黑、白、灰空间层次。黑表示阴影，白表示高光，灰则表示所有的中间色。版面的色调明暗关系决定了黑、白、灰形成的远、中、近关系。通过调整版面中的黑、白、灰色调关系，可以营造出版面的空间感。

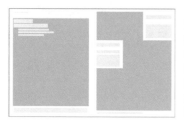

该画册版式设计黑白层次分明，在图片上为白色文字加衬黑色背景，使得版面的层次感非常强烈，也就是说通过版面中的黑白层次对比，增强了版面的空间感。

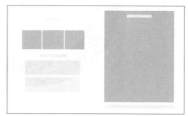

在该画册版式设计中，右侧的图片色调较暗，左侧采用了浅色的背景，从而使左右版面之间产生强烈的对比，整强版面的层次感和空间感。

案例分析

Before

After

该画册版面的设计非常简洁，左侧放置满版图片，右侧为纯黑色背景搭配白色的文字，图片的色调过暗，使图片与背景无法形成有效的对比，层次不够清晰、明确。

对左侧的满版图片进行调整，将该图片的明度提高，使得图片更加明亮动人，与右侧的纯黑色背景形成鲜明对比，很好地突出了图片的效果，并且黑白层次感的表现更加明确、清晰。

2.6 选择合适的版面构图方式

　　即使是相同的内容和元素组合在一起，不同的构图方式也会使其呈现出截然不同的视觉效果。因此，在进行版式设计时，设计师应该根据需要表现的主题来选择合适的版面构图方式。

2.6.1 垂直构图

　　垂直构图将一排主要元素同时展示出来，相互平行的垂直线通过位置、高矮等不同形成版面的变化。垂直线的组合能够增强画面的感染力。

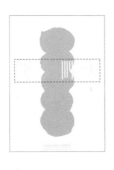

该招贴将图片垂直放置在版面中，再将竖排文字放置在版面中间位置，版面呈现出个性化的风格。

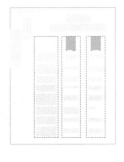

该杂志内页版面使用不同的垂直色块来划分不同的内容，版面内容划分清晰、易读。

1 以左右对称的方式组合对象

将跨页版面分为三等份，在正中央的区域放置文字内容，同时在左右两侧的区域放置垂直或是水平黄金比例的矩形图片。垂直的黄金比例长方形带来安定感，左右对称的构图也产生了独特的格调。

在该跨页版面中，图片采用垂直放置的方式分别放在左右两侧形成对比，文字内容放在中间位置，使版面具有稳定感。

2 创造明显的分界，使版面更易读

将跨页细分成好几个不同区域的版式设计，常见于信息量较大的杂志。这样的版面由于元素过多而易显得复杂，因此需要划分成多个部分，从而提高内容的可读性。

通过明确分割细节主题，可设计出易于浏览的版面，能完整、快速地传达内容，非常适合杂志版面。

该杂志版式使用不同的背景颜色对不同的主题内容进行分割，这种垂直分割版面的方法，可以让人感受到知性美和成熟格调。

Before

调整前的版面采用垂直构图的方式来安排内容，每个垂直列设置不同的宽度，因为版面中内容较多，看上去显得比较混乱。

After

版面调整后保持原有的垂直构图方式，根据每个垂直列上部图片的背景颜色来设置该整列的背景颜色，用背景颜色来区分不同的主题内容，版面清晰、易读。

2.6.2 平衡构图

平衡构图能够给人以满足的感觉，画面结构完美无缺，安排巧妙，版面中的元素对应而平衡。平衡构图方式适合表现平静、安定、稳重的主题。

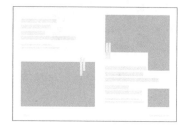

在该杂志版式设计中，图像和文字段落都运用了平衡构图来编排，给读者一种开阔、大气、稳定的视觉感受。

1 利用平均分割的网格，整齐地呈现内容

杂志里介绍商品或店铺的页面，通常需要罗列大量的商品信息。此时可以利用网格系统来整理这些信息。

网格系统是利用格状参考线等分页面，再用分割出的网格放置文字、图片或各种设计元素。由于是沿着参考线放置元素，因此具有统一感和整体性。

该杂志版式设计以西洋棋盘式的交错纵横的格式来安排图文内容，从而使版面中的图文信息变得更有条理，非常适合产品类版面的编排，看起来更活泼、不死板。

2 运用看不见的轴线来优化版面

贯穿水平、垂直方向或对角线的轴线，可以让原本散乱的版面变得整齐。当版面看起来没有重点或是很散乱的时候，可以考虑以设置轴线的方式来调整版面。乍看起来这是极为普通的编排，但是版面中看不见的轴线能将图文信息整合起来，表现出稳定感，带给人整齐的印象。

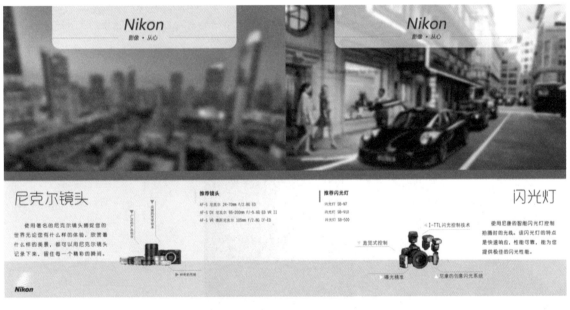

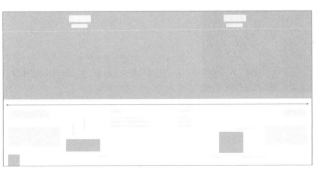

该杂志运用看不见的垂直方向上的轴线对版面进行对称排版，使版面看起来非常整齐并具有很强的稳定感。

技巧

版式设计过程中，可以利用正文与图片的位置、留白形成的线段等，巧妙地在版面中创造出轴心。

案例分析

Before

调整前的版面使用满版图片作为跨页的背景，重心位于跨页的中心位置。分别在左下角和右下角放置内容，使版面看起来比较分散，影响视觉效果。

After

版面调整后在跨页的下方使用正文为轴线来统一版面，并为正文部分添加了半透明的黑色背景色块，使版面的重心位于下端，具有一定的稳定感。

2.6.3 倾斜构图

倾斜构图的版面中主要元素使用倾斜的编排，形成不安定感和强烈的动感，这是一种非常吸引目光的构图方式，常用于时尚类主题的版式设计。

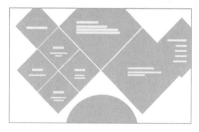

该网页通过对矩形色块的倾斜处理，使版面富有一定的节奏感，采用同色系色彩进行搭配，使整个版面的视觉效果统一。

1 通过倾斜构图创造出动感的版面

将跨页分成左右两页设计成对比构图，能清晰地体现图片之间的异同，同时也能赋予版面动感。版式设计中可以大胆地倾斜左右对比的轴线，使版面表现出动感。

在该画册版面中，左上角与右下角的三角形图片形成对比，并且划分出倾斜的空间区域，版面中的其他图片也采用了倾斜效果，使该画册版面显得动感十足。

2 沿对角线倾斜排列图片体现版面活力

在编排有关联的大量元素时，可以大胆地在版面的对角线上排列图片，这样既能提高版面的可读性，又能赋予整个跨页动感，同时呈现出活力十足的愉快氛围。

在该杂志版面中，图片沿着版面对角线放置，图片旁边放置文字内容，版面具有一定的稳定感，并且沿对角线排列的图片能使版面更具有活力。

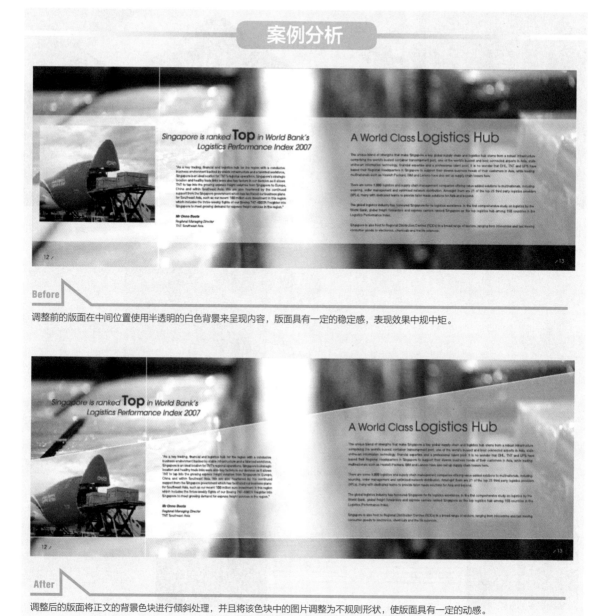

调整前的版面在中间位置使用半透明的白色背景来呈现内容，版面具有一定的稳定感，表现效果中规中矩。

调整后的版面将正文的背景色块进行倾斜处理，并且将该色块中的图片调整为不规则形状，使版面具有一定的动感。

2.6.4 曲线形构图

　　将版面中的主要元素做曲线形编排，我们称之为曲线形构图。曲线形构图引导读者的视线沿曲线进行移动，能够使版面表现出较强的趣味性和动感。

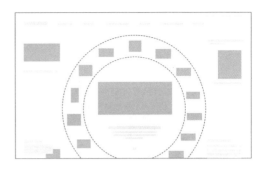

该网页使用黄色和白色均分版面背景，在版面中心位置用圆环图形来展示产品，使该网页具有很强的趣味性。

1 通过曲线构图做出有幽默感的设计

就杂志的版面设计来说，以网格与段落为基准编排版面是最基本的方式。以水平、垂直的线段为基准，除了能让矩形图片更美，也能将图片整齐地摆放在网格中。

如果让图片跳出网格，沿曲线路径摆放，则能使版面变得更加生动幽默。使用曲线形构图方式可以表现出开心、愉快的感觉。

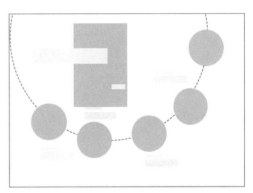

该杂志版面以半圆弧形路径横跨整个跨页，在圆弧曲线路径上放置多个圆形图片，在图片旁边搭配相应的文字，整个版面自由、生动。

2 沿 S 形放置图片，使版面更加有趣

在跨页版面中以锯齿状或沿 S 形放置图片，是轻松而富有动感的编排，在引导视线之余还能让读者感受到阅读的乐趣。这样的编排方式除了能增强读者对页面的印象，还能起到画龙点睛的作用。

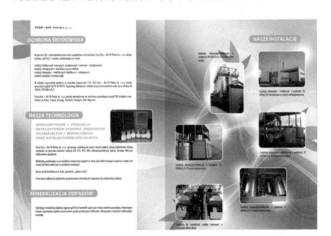

在该杂志版面中，左侧页面放置正文内容，右侧页面沿着不规则的 S 形曲线路径放置相关图片。轻松而富有动感的编排设计丰富了版面的表现形式，增强了版面的阅读乐趣。

Before

调整前的版面使用大幅风景图片横跨页面,在图片下方叠加两个较小的图片,矩形的图片给人一种方正、整齐的感觉。

After

调整后的版面将大幅图片底部处理为圆弧形状,将底部两张小图片处理为圆形并沿着大图片的圆弧路径放置,使版面的表现更加轻松,表现出一种愉快的氛围。

2.6.5 三角形构图

三角形构图分为正三角形和倒三角形两种形式,其中正三角形具备三角形的稳定感,而倒三角形表现出版面的不稳定感和动感。

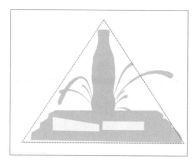

在该海报设计中,白色的产品图形与底部的主题文字形成正三角形构图。正三角形构图能够使版面表现出很强的稳定感。

1 通过倒三角形构图表现版面的动感

在版面中放置多张图片的基本手法之一就是使用倒三角形构图方式,通过倒三角形的构图方式使读者的阅读顺序自上而下,大幅度提高了版面中纵向段落正文的可读性,并且能使版面表现出动感。

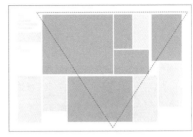

该画册版面以倒三角的方式放置多张图片，在版面上半部分放置比重较重的图片，可以引导读者由上往下阅读，使版面呈现出一种不稳定的动感。

技巧

倒三角形构图就是在版面上半部放置大型图片以及表现力较强的图片，强化其比重之后，在版面下半部逐渐减少图片数量，呈现倒三角形的构图形式。

2 通过对角线构图使版面呈现安定感

除了三角形构图以外，还可以使用对角线构图使版面呈现稳定感。对角线构图就是在版面对角线的两端放置同样大小的图片，这也是一种基本的版式设计方式，可以使版面呈现出沉稳、安定感，让人能冷静地阅读正文。

在该画册版面中，左下角和右上角位置分别放置了两张大小相同的图片，并且左上角和右下角分别放置文字内容，使版面呈现对角线对称，从而表现出沉稳与安定。

案例分析

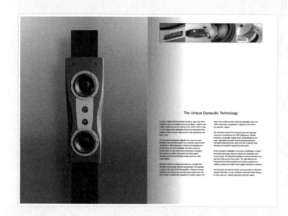

Before

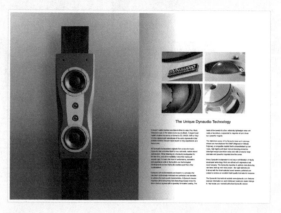

After

调整前的版面在右侧页面顶部水平放置了 4 张小图片，在下部放置正文内容，中间部分为大面积的留白，版面过于松散，没有重心。

调整后的版面将 4 张小图片放大并重新排列，放置在中间位置，使整个跨页形成三角形构图，版面重心落在左侧页面上，整个跨页得到平衡。

2.7 本章小结

　　版式设计首先要符合自身的定位，然后在视觉上要美观大方，便于阅读。本章向读者介绍了版式设计的各种基础元素的应用，包括"点""线""面"、肌理和色彩，所有的版式设计都是由这几种基础元素构成的。合理地运用和搭配这些基础元素，才能设计出视觉效果出色的版式。

第**3**章
基本的构图及变化

一个信息量较大且样式复杂的版式设计作品，如果没有严格的编排规范，很容易在视觉上杂乱无章。例如一本几十页篇幅的杂志或样本，上面一般有正文、大小标题、各类插图或摄影图片，还要有一定的空白，仅仅按照感性的主观判断来处理，要编排得有序统一是很困难的。

在版式设计方面，设计师们主要探索如何对版面进行构图，然后根据构图对图形和文字内容进行编排。

3.1 基本构图样式

版式设计的构图类型多样，通常需要综合运用不同的版面形式来传递信息，常见的版式构图类型有标准式、满版式、分散式、自由式等。

3.1.1 标准式

这是最常见的简单而规则的编排类型，一般从上至下的排列顺序为图片、标题、正文内容、标志图形。首先利用图片和标题吸引读者的注意，然后引导读者阅读正文内容和标志图形，自上而下的顺序符合人们认识事物的心理顺序和思维活动的逻辑顺序，能够产生良好的阅读效果。

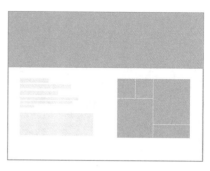

该画册的内页版面设计中，内容的排列顺序从上至下依次是跨页大图、标题、副标题和正文内容，属于标准式构图类型，符合常规的阅读流程。

该版面的设计运用了标准式构图类型，自上而下安排标题、图片、正文内容，条理清晰。

该版面的设计比较简洁，采用标准式构图方式顺序安排元素，内容非常清晰，读者阅读流畅。

3.1.2 满版式

满版式构图的重点在于图片传达的信息，将图片铺满整个版面，视觉冲击力很强，非常直观。根据版面的需求编排文字，整体感觉大方、直白、层次分明。

该家居杂志内页版面使用家居图片作为整个版面的背景，仿佛将读者带入到该家居环境中，使读者能够非常清楚地理解该版面的主题。

该版面运用满版的模特图片作为背景，将正文内容放置在版面靠下的位置，并搭配半透明背景色，版面主题明确、清晰。

该版面运用人物局部特写图片作为满版背景，给人很强的视觉冲击力，搭配简洁的品牌名称，整个版面直观、视觉冲击力强。

3.1.3 对角式

对角式构图是指版面中的主要元素分别位于左上角与右下角，或者右上角与左下角。主要视线处于对角线之间，版面有不稳定感，视觉冲击力较强，形成在变化中相互呼应的视觉效果。

该画册内页版面，将不规则处理的图片分别放置在对角线位置，为版面带来强烈的不稳定感和动感，效果强烈。

该版面将图片倾斜沿对角线放置，分别在左上角和右下角放置文字和品牌介绍内容，整个版面时尚动感。

该版面分别在左上角和右下角放置图片，形成呼应，中间的正文内容旋转 90° 放置，给人新奇的视觉感受。

3.1.4 定位式

定位式构图是以版面中的主体元素为中心进行定位，其他的元素都围绕这个中心对其进行补充、说明和扩展，力求深化、突出主题。这样的构图能够使读者明确了解版面要传达的主要信息，从而达到宣传目的。

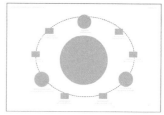

该画册内页运用圆形将相关内容组织在版面中心的周围，有效突出版面中心的内容，又使与中心相关的内容形成一个有机整体。

该广告版面的主体是右下角的产品，整个版面以此定位，所有的文字及背景图片都围绕该产品进行说明，并起到烘托作用。

3.1.5 坐标式

坐标式构图是指版面中的文字或图片以类似坐标线的形式，垂直与水平交叉排列。这样的编排方式比较特殊，能够给读者留下较深刻的印象，适合相对轻松、活泼的主题，文字量不宜过多。

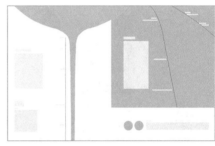

该画册版面将图片与坐标图形巧妙地结合在一起，配合文字介绍，使内容的表达更加具有条理。

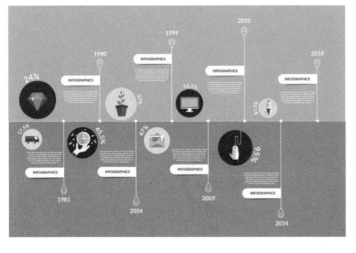

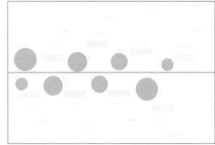

使用对比色调将版面分为上下两个部分，在两部分分隔的位置形成坐标轴，运用坐标式编排，分别在上下两部分放置相应的内容，内容表达得非常清晰。

3.1.6 重叠式

重叠式构图是指版面中的主要元素以相同或类似的形式反复出现，排列时表现为层层叠叠的样式。这样的构图可以使版面呈现出较强的整体感和丰富感，能够制作出十分活泼、动感的版面，并且增强图形的可识别性。适合用于时尚、年轻的主题。

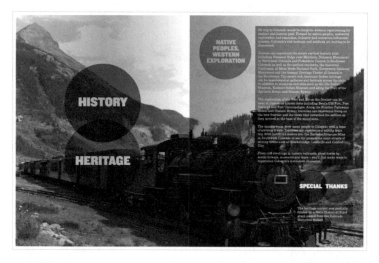

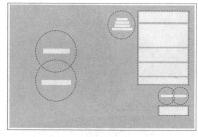

该画册内页反复运用圆形和矩形半透明色块进行排列，形成很强的整体感，通过调整图形的大小和色彩形成变化，给人活泼的印象。

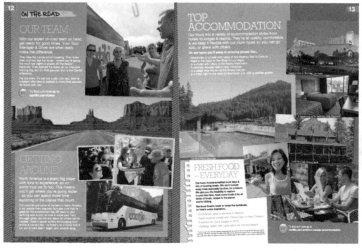

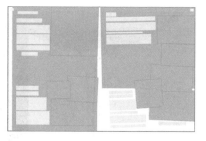

该杂志内页的版式设计中，图片以不同的大小和角度进行叠加排列，给人一种轻松、随意、自由的感觉。

3.1.7 聚集式

版面中的大部分元素按照一定的规律向同一个中心点聚集，这样的构图被称为聚集式构图。聚集式构图能够强化版面的重点元素，同时具有向内的聚拢感和向外的发散感，视觉冲击力较强。

该版面的所有说明文字都是从视觉中心的人物向外发散的，形成视觉上的爆发感，强烈而有趣。

该版面中的所有内容都围绕着主题进行放置，并且主题文字有鲜艳的背景色，版面中心主题非常突出。

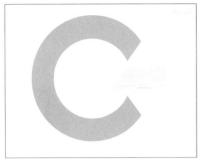

该杂志内页用圆环围绕版面的主题，将所有图片都放置在圆环上，整齐有规律，所有图片都指向版面的主题。

3.1.8 分散式

所谓的分散式构图是指版面中的主要元素按照一定的规律，分散地排列在版面中。这种构图中的元素通常分布较为平均，元素之间的空间较大，给人规律感和轻松感。

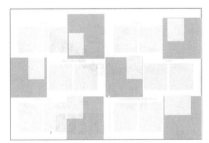

该杂志内页采用了两种处理方式来间隔排列各栏目内容，使版面规律中富有变化，带给读者轻松、惬意的感受。

该杂志内页的版式设计中，图片的大小、位置不同，但通过图片与背景色相结合，很容易分辨版面中的内容，使版面的表现有规律而不会令人觉得呆板。

3.1.9 导引式

导引式构图是指版面中的某些图形或文字可以引导读者的视线按照设计者安排的顺序依次阅读版面中的内容，或者通过引导指向版面中的重点内容，对其进行强调。

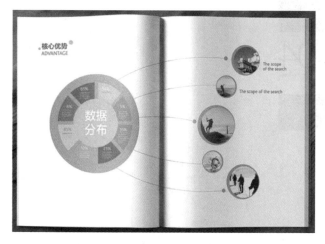

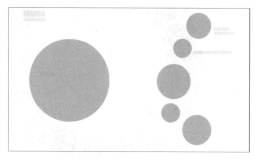

该杂志内页使用圆形构成版面，大的圆形为版面的重心，曲线引导读者的视线从大圆至各小图片，使版面中各元素的关系明确，重点突出。

该版面中的主要图形是人物剪影，通过人物剪影引导读者注意到版面的主题。

该版面通过左下角人物视线的方向，将读者引导至版面右上角，运用辅助图形环绕衬托中间的广告主题。

3.1.10 组合式

组合式构图是指将一个版面分成左右或上下两个部分，分别放置两张从中间裁切的不同图片，再将两张图片重新组合到一起，形成一幅新的图片。左右两边的图片虽然不同，但却有较强的联系，形成趣味性极强的版式效果。

该海报将小鸟与金鱼巧妙结合在一起，使版面具有趣味性，引发读者的联想。

该版面将人物按中轴线进行左右拼接，形成非常有趣的视觉效果，从而给读者留下深刻印象。

3.1.11 立体式

立体式构图是指通过调整版面中的元素形成立体效果，或者通过对角度的调整，将版面中的二维元素组合起来，形成具有三维空间感的视觉效果，这种处理方式会带来很强的视觉冲击力。

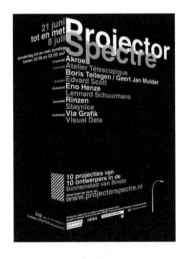 

该招贴版面，通过对文字内容的倾斜排版处理，使文字表现出强烈的空间感，具有很强的表现力。

该海报将主题文字处理成三维立体效果，立体感很强，结合版面中的图形，给人带来震撼效果。

3.1.12 自由式

自由式构图是指版面结构没有任何规律，设计者随意编排构成，因此版面具有活泼、多变的轻快感，是最能够施展创意的构图形式。自由式构图并不代表乱排，需要把握版面整体的协调性。

该杂志内页将退底处理后的产品图形在版面中自由放置，从而表现出自由、个性的感觉。

该杂志内页将不同大小的图片以不同的倾斜角度放置在版面中，表现出轻松、活跃的氛围。

3.2 开本大小影响构图

版式设计的第一步是确定开本的大小，开本是指印刷成品页面的尺寸，它对版式设计有很大的影响，决定开本尺寸的因素有媒体类型、纸张尺寸和装订方式等。

3.2.1 根据媒体类型选择开本

印刷品的定位以及特征是决定开本类型的重要因素。例如报纸包含了大量的文字和图片信息，因此要使用较大的开本；小说以及一些生活类图书，考虑到方便随身携带和易于保存，通常使用较小的开本；考虑到大量书籍摆放在书架上的形态，特殊规格的开本会更容易引人注意；如果是系列图书，则需要使用同样大小的开本，从而保持统一。

平面设计常用尺寸表

开本	大度
图书	210 mmx 148 mm
普通宣传册	210 mmx 285 mm
海报招贴	540 mmx 380 mm
文件封套	220mm x 350mm
信纸便条	210 mmx 285 mm
名片	90mm x 55mm
手提袋	400mm x 285mm x 80 mm

常见开本尺寸对照表

开本	大度	正度
16开	210mm x 285 mm	185mm x 260 mm
8开	285 mmx 420 mm	260mm x 370 mm
4开	420 mmx 570 mm	370mm x 540 mm
2开	570mm x 840 mm	540mm x 740 mm
全开	889mm x 1194 mm	787mm x 1092 mm

3.2.2 根据纸张选择开本

除了媒体因素之外，纸张的原大小也影响着开本尺寸的设定。如果在设计之前没有认真计算纸张的使用度，就极有可能造成纸张的浪费，增加印刷成本。因此，选择纸张时不仅需要考虑其质感和印刷特性，纸张本身的大小也是需要考虑的重要因素。

3.2.3 根据空白选择开本

对于需要装订的画册、书籍等印刷品，根据装订方式的不同，翻阅的方便程度也会有所不同。如果从页面中间装订，则需要缩小页面另外三边空白的大小，使画册容易打开。此外，从中间装订时，页数

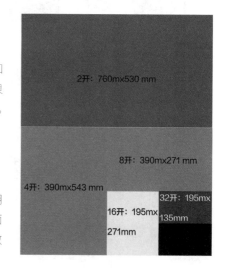

会增加，由于裁纸方式的不同，内侧的折页尺寸会比外侧的折页尺寸小。因此，可以根据每一折页的顺序依次调整 1mm 的页面宽度。

综上所述，设计师需要在考虑开本大小的同时决定页面的留白和页面的排版方式。另外，在编排页面的时候，设计师也需要考虑印刷操作的问题。

该画册内页将图片放置在对角线位置，并通过留白的方式使版面看起来稳定而大方。

3.3 调整版面率

版面率是指版面设计中页面四周留白部分的面积比例。确定版面率是选定开本之后的首要设计步骤，不同的版面率会带来不同的构图效果。

3.3.1 扩大版面空白降低版面率

版面四周的留白面积越大，版面就越小，版面率就越低，这也意味着页面中的信息量减少。较低的版面率通常给人带来高级、典雅的印象。

该杂志内页版面四周留白的面积较大，版面率较低，大量的留白给人舒畅、开阔的印象，能够让读者更加清晰、直观地感受到图形的魅力。

该版面四周的留白较多，版面率较低，在版面中心位置使用矩形图片与细线字体，显得精致、时尚和女性化。

该版面以文字为主，留白较多，版面率较低，版面中间位置使用大号字体体现版面主体，使读者视线向中间聚拢。

3.3.2 缩小版面空白增大版面率

页面四周的留白面积越小，版面就越大，版面率就越高，页面中的信息量增加。高版面率通常给人饱满、有活力、热闹的印象。

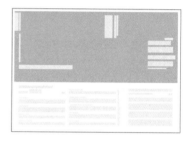

该杂志内页四周留白的面积很少，整个版面显得非常充实，版面上方图片与文字混合排列，给人一种时尚感，下半部分的正文内容清晰、易读。

该版面四周的留白面积很少，版面率较高，信息量也较大，形成有活力、饱满的版面效果。

该广告版面四周没有留白，版面率较高，将合成处理的广告图片作为版面的背景，搭配简洁的主题文字，主题表现非常明确。

3.3.3 通过图像面积控制图版率

图版率是指版式设计中图片占面积的总和比例。一般来说，图片越多，其图版率就越高，反之图版率越低。但图版率也不能仅根据图片的数量来判断，如果只有一张图片，但放得很大，那么版面的图版率仍然很高。

该杂志跨页版面中虽然只有两张图片，但左侧图片经过满版放大处理，占据了左侧整个版面，因此该跨页版面的图版率很高。

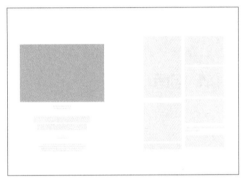

该杂志跨页版面中只有一张图片，并且图片在版面中所占的面积较小，其他内容都是文字，因此图版率并不高，给人简洁、清晰的视觉效果。

3.3.4 改变底纹的颜色调整图版率

在处理低图版率的版面时，如果没有更多的图片资源，或者无法将现有的图片进行放大处理，则改变页面的底色是提高图版率的一个快速有效的方法。当然，这种方法只是令读者在视觉上觉得内容更加饱满丰富，实际并没有增加可阅读的内容。

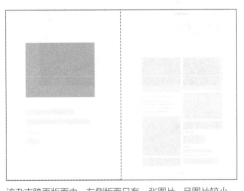

该杂志跨页版面中，左侧版面只有一张图片，且图片较小，为左侧版面添加满版背景颜色可令原本较为空旷的版面显得饱满，并与右侧版面的文字颜色相呼应。

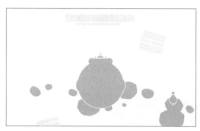

该网页版面的内容较少，留白较多，整个页面显得非常空旷，通过为整个页面添加背景色，可使网页显得充实。

3.4 版式设计的形式语言

版式设计的重点在于版面各元素的和谐搭配，在编排版面元素时，应该注意主次分明、表现合理，使阅读流畅等。本节将向读者介绍一些版式设计中的表现形式，便于读者灵活运用。

3.4.1 均衡

均衡即平衡，是平面艺术设计常用原理之一，它的优点在于不受中轴线、中心点的限制，没有对称的结构，是利用画面视觉元素量的变化达到平衡，使设计的版面有变化而又统一。平衡既是视觉的要求，也是人心理的需求。版式设计的均衡要考虑到画面各要素的主次、强弱关系，以取得视觉美感及内容之间的逻辑性，版式设计的均衡主要包括大小均衡、空间位置均衡、色彩均衡、动势均衡等方面。

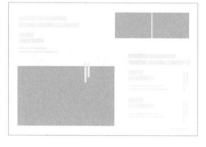

在该宣传画册版面中，图片的大小与位置不同，但整体上给人重点突出的感觉，依然能够达到版面的均衡。该版面使用纯白色作为背景色，内容清晰易读。

1 大小均衡

大小均衡是利用版面中的文字和图形等构成元素的大小来获得视觉上的平衡，同一种内容的构成元素可以通过多种不同的版式表现手法来实现视觉上的平衡。

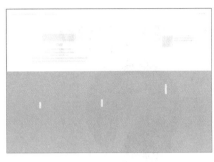

在该宣传画册版面中，满版图片放置在跨页版面下方，通过上下关系的处理，实现左右版面的均衡。

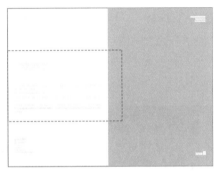

在该宣传画册版面中，右侧使用大幅满版图片，左侧使用色块将主题内容与右侧的图片相关联。在对文字进行排版时，主题文字使用大号字体突出显示，版面中的图形、文字大小均衡，能够有效突出主题。

2 空间位置均衡

　　空间位置均衡是利用版面构成元素的位置营造一种视觉上的平衡，这种平衡是以突出版面主题为基础的。版式设计不能脱离主题，主题元素要占据版式中心位置，其他元素可使版式达到平衡的效果，丰富版面。否则会出现本末倒置，减弱设计的目的性。

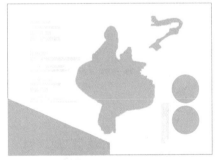

该宣传画册将主体图片放置在版面的中心位置，周围放置文字内容与其他图片，使版面产生空间位置上的均衡。

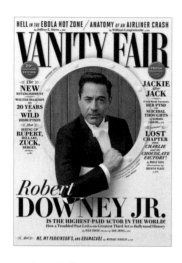

在该版面中将人物素材放置在版面的中心位置，主题放置在版面的上部以大号字体展现，其他主内都围绕图片排列。

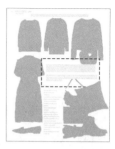

在该版面中将主题文字放置在版面中心位置，通过背景色块进行突出，将与主题相关的图像放置在版面的四周，版面中各元素的位置均衡。

3 色彩均衡

由于色彩自身的规律，色彩在版式中有它独立表现的一面，处理不好版面的色彩关系，就会影响信息的传达。色彩使版式更加丰富，精彩纷呈。版式设计必须从色块的大小，色彩的冷暖、明度及纯度等方面来考虑色彩的均衡，同时还要注重调和色的作用，从而达到色彩在视觉上的均衡。

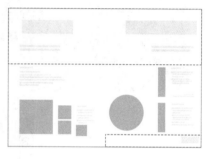

在该宣传画册版面中，顶部的洋红色与底部的蓝色形成对比，但因为色彩面积不同，整体表现比较均衡，版面充满活力和时尚感。

在该招贴设计中，黄色的背景上搭配红色的主题文字，整个版面使用高饱和度的暖色调搭配，给人一种热情、时尚的感觉。

该海报使用蓝色与红色的强对比色调搭配，色彩表现均衡。将色块划分为多个不规则形状，又使版面的表现非常个性化，具有很强的视觉冲击力。

4 动势均衡

版式中的任何造型因素都会在画面中造成特定的视觉冲击，从动势均衡来看，造型元素如果超出了人的视觉对动势的忍受程度，就会使画面趋于不稳定和动荡，所以在版式设计过程中要尽量把握这种平衡关系。

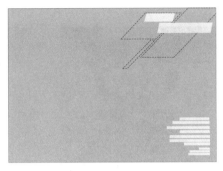

该宣传画册使用满版图片作为整个跨页的背景，为主题文字搭配倾斜的背景色块，与图片中人物奔跑的方向一致，形成动态的均衡。

在该招贴设计中，人物的动作舒展方向与版面中的倾斜线条带来动势平衡，整个版面有一种动态感。

该海报设计将倒立的舞蹈人物与主题文字巧妙结合，形成动势表现，倒三角的构图又使版面具有很强的稳定感。

3.4.2 对称

对称是指图形或物体对某个点、线、面而言，在大小、形状和排列上具有一一对应的关系。在日常生活中，对称形式处处可见，能给人一种稳定感。对称在形式上分为绝对对称和相对对称。

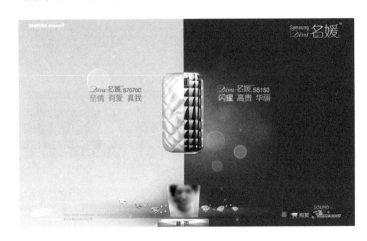

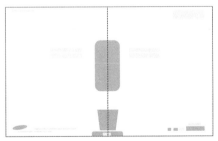

该网页使用色彩将页面分割成左右对称的两个部分，将需要突出的产品图片放置在中心位置，表现效果非常好，同时也给人一种稳定感。

1 绝对对称

绝对对称是指中轴线两边或中心点周围各组成部分的造型、色彩完全相同，其中中轴线和中心点在确定版面宽窄结构上起着十分重要的作用。版式设计应注意文字、图形的编排与轴线的关系，注意文字、图形组成的轮廓对视觉平衡的影响，因为对称本身在于追求版面的平衡感。

在该电影海报设计中，主体图形采用了左右对称的方式进行表现，给人很强的视觉奇幻感，有效地突出了电影海报的主题与电影类型。

在该海报设计中，整个版面运用上下对称的方式进行表现，具有很强的趣味性，能够给读者留下深刻的印象。

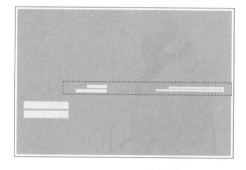

该画册版面运用上下对称的方式将页面均分为两部分，分别放置不同的图片，中间位置通过背景色块来突出主题内容，表现非常丰富。

2 相对对称

相对对称是指在绝对对称中有少部分文字、图形或色彩等出现不对称的现象，但相对对称不应失去平衡感和稳定感，要把握一定的限度，这样它们就能形成一定的对比，活跃画面，使各元素显得灵活、自由，丰富人们的视觉感受。

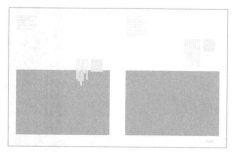

在该跨页版面设计中，左侧页面与右侧页面采用对称设计，只是在文字的摆放位置和颜色上有所区别，整个版面表现出很强的平衡感。

该跨页版面用对角线对称的方式来安排版面，虽然版面中的内容较少，但能使读者感受到强烈的对称感。

3.4.3 对比

对比可以让各构成元素的特点更加鲜明、生动，形成强烈的视觉冲击力，增强对视觉的刺激，使版面的主题更加明确。只要有两个或两个以上的元素，就能产生对比，根据版式元素的具体特征，对比形式有大小对比、黑白对比、彩墨对比、图文对比、色彩对比、动势对比等。

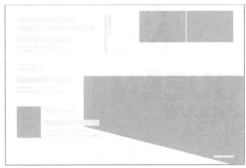

该画册虽然采用了简洁的设计风格，但图片和文字的大小对比使版面富有节奏感，也更加直观。

1 大小对比

版式设计中不同大小的构成元素都会产生对比，利用对比可使主题内容凸显出来，这种对比可以体现在很多方面，结合具体设计可以有很多的表现形式。

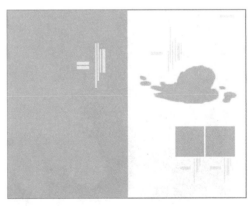

在该菜单版式设计中，需要重点推荐的菜品图片做成了满版图片，与其他菜品图片形成鲜明的对比，很好地突出了重点内容。

该海报设计运用夸张的手法，将产品图片与人物图片进行大小对比，很好地突出了产品，给人留下深刻印象。

在该版面设计中，主题文字部分运用了大小和颜色的对比，有效地突出了主题文字，使主题更加明确。

2 黑白对比

黑白对比是平面设计中一个经久耐用的手法，表现张力非常大，具有较强的视觉冲击力，给人清晰、明朗的感觉。黑白对比可明确地传达画面信息，不易产生歧义和误解。

该版面以黑白人物特写作为满版背景，搭配黑白色的文字，对比非常强烈，给人很强的时尚感。

该版面运用纯白色的背景搭配黑色的手写体文字，对比非常强烈，版面效果非常直观、清晰。

在该画册版面中，黑灰色的满版背景图片给读者带来强烈的怀旧感，为文字内容搭配白色的背景，并添加白色的喷射图形，使版面的表现力很强。

3 彩墨对比

彩墨对比是指无彩色与有彩色的对比，一种新奇的对比方法，在使用黑、白、灰的无彩色版面中为局部图形、文字等元素设置有彩色，能使版式对比强烈，有效突出版面的视觉效果，给人以丰富的联想。

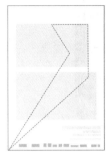

该招贴使用无彩色对版面进行配色，将主题文字放大，并搭配鲜艳的纯色块，使表现力更加突出，版面活跃。

在该海报设计中，黑白的人物图片具有很强的表现力，在背景中加入部分鲜艳的色彩，使得对比效果突出，更具有戏剧性。

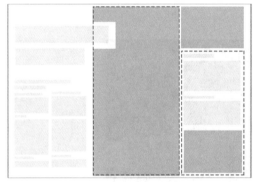

该画册运用黄色图片与黄色背景将版面清晰地划分为不同的区域，灰色与黄色的对比非常鲜明，使得版面内容非常清晰、有条理。

4 图文对比

图文对比是版面设计中比较常见的手法，有时将文字图形化，有时使用图形来表现文字。设计中要注意它们的主次关系，确定对比的主体和陪衬因素，使版式语言更明确清晰。

该海报设计风格简洁，以浅灰色作为背景色，简洁的图文对比使版面主题生动、形象。

在该海报设计中，红色的沙发图片在版面中十分抢眼，搭配纯黑色的手写字体，图文对比强烈，烘托了主题。

该画册将简洁的图形与文字搭配起来，人物面部的局部特写图片与主题文字形成强烈的对比效果，有效地烘托了主题文字。

5 色彩对比

  色彩对比依据的是色彩三要素，包括明度对比，通过亮色调、中间色调和暗色调的不同变化形成对比下；纯度对比，指鲜艳的色彩和灰色放置在一起产生的鲜灰对比；色相对比，就是不同色相的色彩产生的对比；另外还有色彩的面积对比、冷暖对比等。

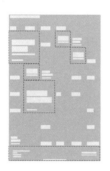

该海报运用高纯度的鲜艳色调与背景的无彩色图片形成鲜明的色彩对比，形成视觉中心。

在该版面中，浅灰色的背景搭配冷暖色调对比的图形，使图形非常突出，有效烘托了主题。

该画册版面中，蓝色的背景搭配橙色的图形色块，使画面形成强烈的冷暖色相对比，从而有效突出了主题文字。

色彩对比与色彩均衡截然相反，旨在通过对比区分版式的视觉差异，然后再利用均衡调和色调，让色彩更好地为版式设计服务。需要注意的是，在版式计过程中，过分追求色彩对比不利于版式设计语言的表达。

6 动势对比

动势对比包含了版式中图文元素运动和发展的倾向，由此产生整个画面的视觉张力和冲击力，这种对比打破了版面的平静，丰富了版面设计的表现手法。在具体的设计中，它可以分为动静对比和主次对比等。

该版面对内容进行倾斜处理，使版面产生动感。

在该海报设计中，动态的人物图形与稳定的文字形成对比，表现出强烈的视觉张力。

3.4.4 调和

实现调和主要依靠对比因素的加强或减弱，调和是把各对比因素协调统一，使之趋向缓和，形成和谐的画面。调和是版式设计中重要的设计手段。在众多造型语言中，要强调主要造型因素在版面中的地位，淡化次要造型，使画面统一而生动。

该画册运用单一的蓝色调对版面中的元素进行设计，包括蓝色调的图片和蓝色的文字。单一色彩的运用，使版面取得柔和的效果。

在该画册版面中，左侧版面使用单一色调的满版图片，右侧版面则使用低纯度的色彩作为背景色，版面色彩调和，看起来非常和谐。

3.4.5 条理

　　条理即对事物有规律的组织和安排，体现在版式设计中就是合理安排版面构成元素的布局关系。根据条理原则，应将不同的图形、文字等进行合理排列，使之错落有致，从而使版面大方、整体美观。在版式设计中，条理具体体现在版式的整体安排、造型、色彩以及处理手法等方面。

版式设计的条理性非常重要，该画册在上部使用横跨版面的大幅图片吸引读者注意，下半部分分别放置正文内容与相关图片，版面效果清晰、直观。

1 整体条理化

　　版式整体的条理化建立在设计师对宣传内容的理解上，他会通盘考虑，突出重点，使整个版面安排有条不紊、清晰明确。

该画册版面设计以文字内容为主，将文字分为3栏，使正文内容清晰、有条理，便于读者阅读。

2 色彩条理化

色彩使用最忌庞杂，过多的色彩会分散人们的注意力。因而在同一版面中应使用相对固定的几种配色，根据整体进行合理安排，这样有利于美化版面，使版面整体统一。

在该画册版面设计中，左侧放置满版图片，右侧为正文介绍。右侧版面设置蓝色的背景色，用不同明度和纯度的蓝色相搭配，使版面色彩条理化，并且丰富了表现效果。

3 造型条理化

造型是版式构成的具体元素之一，设计师可以将不同形状进行归纳、分类，如相似形、直线、曲线等，使造型条理化，让画面给人以整齐统一的视觉感受。

该画册版面用统一的表现形式对不同内容进行归纳、分类，使版面整体表现效果统一，不同内容的表现也合理、直观。

4 处理手法条理化

版面设计的处理手法多种多样，如果在同一版面中使用过多的处理手法，会造成版式语言的混乱，主次不分。合理的处理手法是体现条理、达到统一的有效方法。

该系列海报采用了统一的设计表现手法，通过夸张的拟人化处理，使产品能够给用户留下深刻的印象。

3.4.6 反复

反复是指相同或相似的形象、单元有规律地重复排列，给人以单纯、整齐的美感。反复的效果取决于对图形元素的处理，相似元素以及复杂元素的反复构成的版式特点是既统一又有变化，而相同的简单元素的反复则比较统一。

该版面采用无彩色处理版面，对版面中的图片和主题文字应用反复设计，表现出版面的空间立体感。

该海报设计对彩色的几何图形进行重复设计，突出了海报中的主体元素。

技巧

采用反复手法构成的版式，要么同形异色，要么同色异形，或者其他样式。这样不会在版式中增加对比的成分，使版面在统一中有变化，使主题信息更加突出，版面更加丰富。

3.5 版面构图样式处理

不同的版式构图会带给读者不一样的心理感受，在保证版面内容清晰、易读的情况下，设计师需要根据版面的主题来选择不同的构图方式，从而既能够有效传达信息又能够给读者留下深刻印象。

3.5.1 选择并调整构图样式

构图样式不能仅考虑视觉上的美观和创意，还需要考虑是否能很好地向读者传达信息，如果不能准确有效地传达信息，再精彩的构图样式也毫无意义。

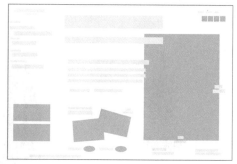

该化妆品网页，采用了比较自由的构图方式，表现出轻松、时尚、自由的效果，符合化妆品舒适、美好的定位。

1 选择合理的构图样式

在进行版式设计的时候，首先需要明确设计的主要内容，再根据主要内容来确定版面的风格和结构，不同内容的版式设计有着很大的差别。

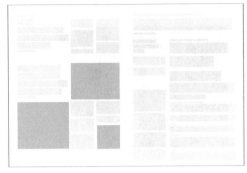

普通的综合类报纸版面通常使用比较规范的构图样式进行构图，这样的版面稳定而饱满，便于阅读。

2 巧用辅助线预先排版

使用水平、垂直的边线对版面元素进行处理，能够使读者感受到这些元素之间的联系，使版面整体产生秩序感。

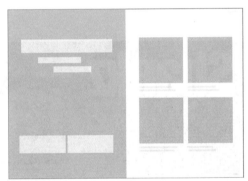

在该跨页版面中，右侧版面中的图片使用了同样大小的剪裁处理，上下左右对齐，给读者带来均衡有序的感觉。

3 统一元素间隔

版面各元素之间的间隔类型不能太多，通过对间隔进行适当的统一处理，能够使版面表现出井然有序的效果。

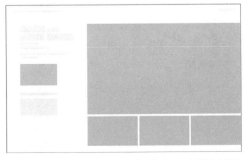

在该跨页版面中，虽然图片尺寸有大有小，但是图片之间的间隔都是相同的，这使本身截然不同的图片之间产生了联系，秩序井然。

3.5.2 通过元素位置和对齐方式来调整版面

图片的编排对构图有很大的影响,在设计时经常会根据图片的位置来调整文字等其他元素的位置。图片的位置、对齐方式等都会影响整个版面的视觉效果。

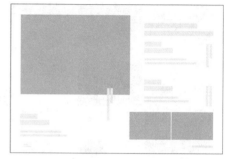

在该跨页版面中,图片分别位于左上角与右下角,形成对角线对比,正文内容分别放置在右上角和左下角位置,版面比较活跃。

1 调整图片的视觉中心

图片的对齐方式会影响整个版式的效果,并决定了其他元素的位置。对齐后的图片所处位置不同,形成的风格、效果也不相同。

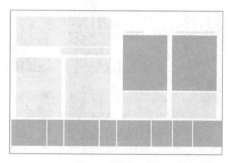

在该跨页版面中,图片位于版面的下方,并且采用上下对齐的方式排列,给人以稳定、可信赖的感觉,令人安心。

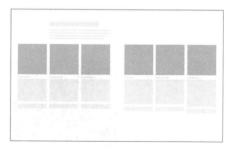

在该跨页版面中,图片全部采用上下对齐,放置在跨页中间偏上的位置,文字内容的隔开处理,增加了版面的层次感。

2 图片对称的编排

将尺寸和形态相同的图片放置在页面的左右或上下两边，中间对齐，形成视觉上的对称、呼应效果。这样的编排方式比较有个性，但是局限性较大。

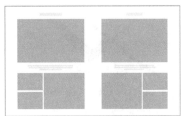

在该跨页版面中，左右版面的图片全部采用对称的编排方式，相互呼应，使得版面有一定的稳定感和均衡感。

3.6 版式设计原则

版式设计者除了需要根据主题内容来选择合适的构图表现形式外，还需要遵循版式设计的相关原则，在突出主题的基础上发挥艺术性，设计出既美观又易读的版面。

3.6.1 功能性

版式设计的功能性表现为信息的可读性和传达的有效性，它是版式设计最基本的要求，是思考解决其他问题的前提。版式设计本身并无意义，它服务于具体内容，当它将内容的主题思想鲜明生动、准确无误地表现出来，有效增进读者的理解时，才会显示出其应有的力量与作用。

该画册版面设计简洁，运用中国传统水墨风格元素与图片搭配竖排文字，表现出浓浓的中国传统文化氛围，与所要表现的主题相吻合。

设计师首先要与客户充分交流沟通，了解、观察、分析与设计相关的方方面面，明确客户目的，在此基础上选择、提炼、规划诉求，把握各要素之间的逻辑与条理、空间变化、主次关系、视觉秩序等，使信息传达正确、到位、有效，使读者一目了然。

该时尚杂志版面设计简洁、直观，通过大幅的人物图片来吸引读者的注意，搭配少量介绍文字，以图片为主，版面内容非常直观。

技巧

在版式设计中，对编排要素形式的探讨首先要包含对功能性的肯定，切忌自我陶醉，弃内容主题之不顾，沉迷于个性化的怪异表现，以致本末倒置，使读者不知所云。

3.6.2 艺术性

枯燥呆板的版式索然无味，信息传达有效率会大打折扣，而富有艺术性的版式设计可以使版面更有魅力，吸引人、打动人，让读者在审美愉悦中心甘情愿地接受信息。

该杂志跨页版面非常巧妙地将模特与背景图片相结合，使版面表现出戏剧性，使用大号加粗字体来表现版面主题，非常清晰。

内容主题确定后，版面的构图、布局、表现形式就成了版式艺术设计的核心。版面是由文字、图形、色彩以点、线、面结合的形式排列构成，均衡、秩序、简洁的形式语言既能有效提高信息传达率，又能够美化版面，给读者带来视觉享受。而思维大胆、突破的个性化表现和新颖创意，才是版面艺术性的"灵魂"。

该海报版面的设计非常有新意，将产品与体育运动相结合，进行艺术合成处理，充分表现出该产品的功能与特点，具有很强的创意表现力。

　　艺术独创能强化形式与内容互动关系，产生全新的视觉效果，使版面具有强烈的视觉感染力。如果版面中没有多少精彩的内容，就可以在构思中调动艺术手段，使用寓言、夸张、对比等方式进行创意，使版面风趣幽默，激发读者的兴趣，让信息传递更顺畅。

该版面采用人物与产品对比的手法，夸张地表现产品，给读者留下深刻的印象。

该版面用拟人的表现手法，将产品打造成超级英雄，倾斜的构图有很强的视觉冲击力。

　　版式设计中要敢于独树一帜，别出心裁。试想，一个程式化、概念化的版式，能有多少关注度和记忆度呢？对于人们习以为常的事物，更应该有新视点，采用发散、变换、收敛等创造性思维去挖掘表现力。在版式设计中多些个性，多些创造，才给读者以视觉惊喜和享受。

3.6.3 统一性

　　版式设计作为信息传播的桥梁，其艺术形式必须与主题内容相符合。只注重形式而脱离内容，有违设计根本目的，徒有其表，空洞无物。只求内容忽略形式，则呆板无趣，毫无光彩，作品势必湮没在信息海洋中。

该版面用绿色的植物来衬托产品的纯天然，并且与版面主题相搭配。

在该海报中，设计者对主题文字采取变形处理，将主题文字与要表现的产品完美结合，非常有效地突出了主题。

艺术形式服务于内容，目的是使内容最高效地传播。在版式设计过程中，各视觉元素在同一特定空间里所呈现的艺术美感，是内容的视觉注释，元素间的合理组织安排，使它符合人潜在的视觉心理认知方式，从而将传播意图鲜明直接地表现出来。

该菜谱版面设计非常简洁，左侧版面用传统图案与竖排文字相搭配，表现出传统艺术美感，右侧版面使用纯黑色背景搭配精美的食物图片，给读者一种高档的感觉。

艺术形式的意味和解读是对传播功能的感性提升，因而设计者要深入领会内容主题思想，并融入自己的认识、情感与特点，努力寻找让两者完美结合的表现形式，设计出既服务于主题内容又不失个性特点的作品，用独到多变的视觉语言来呈现内容，渲染主题，这样才能体现出版式设计特有的社会价值和艺术价值。

该版面巧妙地将乐谱图形与产品图片相结合，高低错落的排列方式很好地凸显出版面的主题。

该版面对人物图片进行不规则处理，使用多个三角形来表现人物，具有很强的时尚感和艺术感。

3.6.4 整体性

版式设计整体性是指独立版面构成中各要素组织整体性，二是版式设计在广告、包装、书籍、样本的应用中，出现展开、连接、转折、系列等多个面的组合时，要保持视觉效果的整体感。

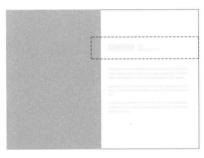
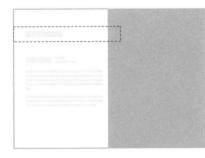

该旅游画册以精美的旅游目的地图片作为满版图片，充分吸引读者的关注，在另外一半版面中用文字对其进行介绍，版面简洁、直观。并且整本画册都采用了同一种设计风格，保持了画册的整体性。

版式的千变万化，归纳起来就是"点""线""面"基本要素的分类构成，设计师应该从大处着眼，小处着手，通过整体结构组织的加强、文案集合、方向秩序把握、形色表现的呼应，使各要素相互补充、衬托，形成相互关联的有机整体。

该美食画册版面的设计非常时尚、有个性，随意的图片放置和个性化的文字排版方式，都为该版面添加了活力，版面中各元素的相互结合也具有很强的整体性，使版面看起来和谐、统一。

技巧

包装、书籍等整套版式是个不间断的整体，要有此起彼伏的变化，也要有相得益彰的和谐。如果将版式割裂开进行独立设计，势必造成视觉效果的分离松散。设计应该自始至终做到连贯、富有整体性。

3.7 本章小结

　　让受众快捷有效地找到需要的资料与信息，轻松方便地与相关信息交流和互动，在饶有兴趣地学习的同时感受视觉美，是版式设计永恒的追求。本章向读者详细介绍了版式设计的常用构图方式和表现形式，读者需要仔细理解，并能够在版式设计过程中灵活运用。

第4章
版式中图片的编排

图片在版式设计中有着重要意义，它以形象的方式被瞬间接受和评价，视觉冲击力比文字强95％，俗话说，一图胜千字，这并非指文字表达力弱，而是指图片能超越文化、语言、民族等诸多差异。一些用文字难以传达的信息、感受、思想，借助图片可以达到迅速沟通。

图片包括照片和插图。照片直接、写实、庄重、细腻，可以根据创作需求、版面位置需要对其进行剪切、取舍、改善。需要注意照片与内容主题、风格的内在联系。插图以独特的想象力、创造力及超现实的自由构造，在版面中展示着独特的魅力，它个性灵活，易于变化、处理、整合，更适合复杂不规则的排版。

4.1 图片的形式

照片、插图都能具体、完整、直观地将设计师的理念高品质地表现出来，使版面的视觉效果更加集中、稳定，同时还具有有效的导读效果。

4.1.1 出血图形

出血图形又称满版图形，以图片充满整个版面，整个版面设计以图像为主，不要边框，这种图片应用形式能够有效地打破版心的束缚，使人感觉舒展、自由奔放、动感十足，能够更好地贴近受众群体，给人较强烈的视觉冲击力。

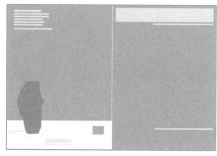

该杂志广告版面在左右页面用出血图片充满整个版面，在图片上方叠加简单的文字介绍，具有出色的表现力。

1 使用出血图片渲染版面氛围

在版式设计中采用出血的图片表现方式，能够使整个版面的视觉效果直观而强烈。文字内容在版面的上下、左右或中部（边部和中心）的图像上。需要注意的是选择出血的图片需要有出色的意境，能够有效烘托整个版面，并且与该版面要表现的主题内容相吻合。

该楼盘宣传画册用楼盘效果图铺满整个版面，有效渲染了楼盘的整体环境氛围，右侧少量留白，给人遐想空间。

2 使用满版的图片客观地描写空间

将中距离构图的图片以满版的方式进行摆放，除了能够呈现出空间感外，还能够客观地反映现场状况。将文字内容放置在满版图片上特别适合表现自然、建筑装饰等主题，给人大方、舒展的感觉。

使用运动场景图片作为整个跨页版面的满版背景,搭配倾斜的文字,整个版面更加动感、大方。

3 使用部分出血图片,赋予版面开放性

在版面设计中并不是所有出血图片都需要占满整个版面,也可以是左右出血或上下出血,结合版面中的留白处理,使版面有向外延展的感觉,使人们能够同时感觉到视觉顺序与版面的开放性。

将运动人物特写作为满版图片,具有很强的表现力,版面充分运用留白,使内容与人物特写更加突出。

案例分析

Before

调整前的版面比较普通,图文混排的方式使每个页面都比较相似,没有特别突出的表现效果,不能有效地吸引人们的注意力和目光。

After

调整后的版面在右侧页面中采用满版图片,使左侧页面与右侧页面的版式有不一样的表现效果,并且精美的满版图片能很好地吸引人们的注意力,突出表现版面的意境和主题。

4.1.2 退底图形

根据版面需要表达的主题和重心，选取图片中必须保留的部分，而对其他部分做退底处理，这种图片应用形式能够有效地排除图片背景的干扰，使主体形象突出、醒目，与正文的组合常常表现为文本绕图的形式，给人一种轻松、明快、平易近人的印象。

在版面中采用图文混排的方式宣传产品，将产品图像进行退底处理，使版面表现更加轻松、明快、富有活力。

1 突出拍摄主体，活跃版面

如果想将多张图片放置在同一个版面中，或者是想要突出图片的拍摄主体，最常用的方法就是使用图形退底。图片退底，就能在有限的空间中放入大量信息，因此该方法是杂志版式设计不可或缺的技巧。

拍摄主体原本都被局限在矩形的图片内，而退底处理可以去除这样的限制，让拍摄主体活跃在版面的各个角落。另外，在版面设计中使用图形退底，能够有效增强版面的活跃感和空间感。

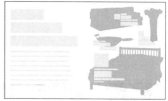

该产品宣传促销画册对产品图进行退底处理，突出产品主体，并且与版面的图形和文字搭配出活跃感。

2 用退底的人物图片表现出版面空间

将退底处理过的人物图片放置在版面中，可以为跨页版面营造出假想空间。如果将多个大小不一的图片退底，则能够更加强烈地表现出版面的空间和层次感。

该时尚女装杂志版面通过对人物素材的退底处理及大小搭配，使得版面看起来具有一定的空间感。

3 将退底图片当作插图来使用

在版面设计中大胆地将退底处理过的图片作为插图来使用，除了能强调图片素材的存在感，也能进一步强化版面的图片表现力。一些时尚杂志或产品宣传杂志的版式设计常常将产品图片进行退底处理，这种能够呈现拍摄主体细节的编排手法，是最合适它们的设计。

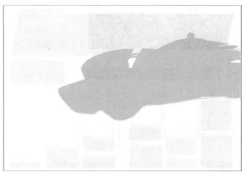

该版面将退底处理的素材图像作为插图，横跨整个跨页，与标题文字叠加，文本与插图相结合，具有很好的表现效果。

案例分析

Before

After

调整前的版面没有对人物素材进行退底处理，使整个版面左右不太协调，构图过于死板，无法展现活力。

调整后的版面对人物素材进行退底处理并且保留了左侧的背景色，以退底后的人物作为分隔，使其与其他退底产品图形相结合，使版面的表现更加自然，富有活力。

4.1.3 形状图形

形状图形是指在版面中使用一定的形状对图片进行限定，如方形、圆形、三角形、梯形等几何图形，具体的限定形状可以根据设计内容和表现形式决定。使用形状图形设计版面，图片经过创造性加工组合，往往使得版面更加新颖突出，从而给人们带来新鲜感，提高人们的阅读兴趣。

圆形图片的设计既是亮点，又与背景很好地结合，突出展示了特色美食，使版面更加形象。

使用多个高低不一的矩形来限制图片，打破规则的人物形象，使得版面中的人物形象更加新颖、突出。

1 丰富版面的视觉表现效果

通常情况下素材图片在排版中都是以矩形呈现的，运用形状图形能够更好地活跃版面，打破固有的图片表现形式，使得版面的表现更加灵动。特别是在跨页版面中，可以将形状图形放置在跨页的中间位置，文本内容围绕着中间的图形进行排列，可使跨页的表现更加活跃和富有整体性。

在跨页中间位置使用椭圆形来限制图片的展示效果，与版面的背景色形成呼应，打造出有趣的版面效果。

2 在版面中形成对比

在版式设计过程中，还可以通过形状的对比来突出重要的内容和信息。我们可以将对比图形分别放置在左右两个版面中，并以不同的大小置于对角线位置，从而为跨页版面带来动感，并且也能凸显版面的完整性。

在跨页左下角和右上角分别放置特殊形状的图片，这两个图片形成大小和位置的对比，但其形状统一，使得构图形成对比。

案例分析

Before

After

调整前的广告版面让辅助的人物图片充满整个版面，而需要突出的产品则没有人物那么突出，不能重点突出需要表现的产品。

调整后设计者将人物图像退底处理作为广告背景的一部分，将产品图像放大并放置在版面的中心位置，从而能更有效地突出产品。

4.2 影响图片编排效果的因素

在版面设计过程中，图片的使用非常重要，其中图片的大小、位置、方向等因素都会影响到版面的视觉表现效果。在进行排版设计的时候，对内容进行统一是很重要的，但是如果一心只想强行统一某个部分的内容，就一定会出现一些偏差，这个问题是应该避免的。

4.2.1 图片位置

图片在版面中的摆放位置将直接影响到版面构图布局。依〖九宫格〗法，两条水平线和两条垂直线可将版面平均分割为九个部分，把图片摆放在四个交叉点中的任意一点上，均可营造出视觉协调感，获得较佳的视觉效果。

版面的上下左右、对象线、四角均可以放置图片，在设计过程中应该根据内容要素、视觉效果、心理感受来选择图片放置的位置，有效地控制各个点，使版面主题鲜明、简洁、清晰、富于理性。

该跨页版面在多个不同的位置放置图片，其中左下角的图片视觉效果最突出，其他位置的图片使用圆形来表现，达到清晰的表现效果。

1 将图片放置于左上角位置

版面的上、下、左、右以及对角线连接的四个角都是视觉的焦点。其中，版面的左上角更是常规视觉流程的第一个焦点，因此将重要的图片放置在这些位置，可以突出主题，令整个版面层次清晰，视觉冲击力也较强。

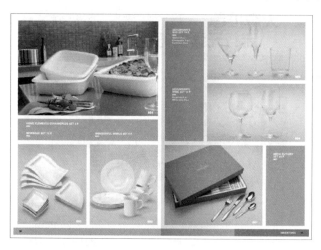 

该跨页版面以规则矩形放置多张产品图片，其中以页面左上角的图片最为突出。除了尺寸较大之外，这张图片还位于左上角这一重点位置。

2 将图片放置于版面的对角线

将图片放置于版面的对角线上，可以有效地使用图片来支配版面空间，使得版面的视觉效果更加灵动、独特，创造出横跨整体页面的阅读顺序。

 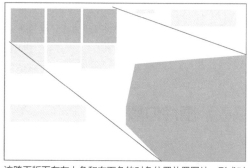

该跨页版面在左上角和右下角的对角位置放置图片，形成对比关系，其中右下角图片较大，视觉效果更加突出。

3 将某一张图片与其他图片分隔开

如果在版面设计过程中需要使用多张图片，可以让某一张图片与其他若干图片之间保持较大的距离，这张图片会相对更加显眼，读者将会将其作为特殊的内容来认识。

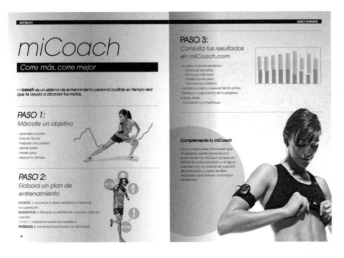

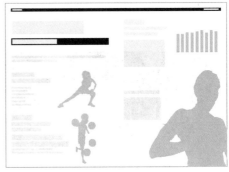

该版面使用了三张人物图片，其中一张放置在版面右下角位置，与其他两张相隔较远，并且进行了放大处理，这样更容易引起关注。

案例分析

将两张图片放置在一起，版面显得规整、大气，两张图片的视觉层次相同，没有明显的重点。

将两张图片分别放置在左右两个页面中，并将右侧的图片适当放大，通过对图片位置及大小的调整，使图片形成对比，视觉层次突出。

4.2.2 图片大小

一般情况下，图片面积的大小决定了浏览者注意度的高低，从大到小是人们自然的观看顺序。在版面设计中，通常重要图片的面积较大，例如化妆品广告中的唇膏、睫毛膏广告，都是把能显示局部特征的图片放大处理，造成视觉和心理上的强大冲击，成为人们的关注要点。而从属图片缩小、点缀，呼应着主题，形成主次分明的格局。

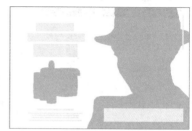

该版面右侧的人物满版显示，并且重点展示人物面部，与版面左侧的产品图片相呼应，很好地突出表现了产品效果，给人强烈的视觉冲击。

1 放大含有重要信息的图片

重要信息主要根据客户的需求而定，客户想突出的内容就是版面的重点。如果没有特别的要求，就可以根据图片的效果来决定。要突出含有重要信息的图片，一个行之有效的方法就是将其放大，尺寸大的图片通常更能吸引读者的注意。此外，将其他次要图片缩小，能明确图片的主次关系。

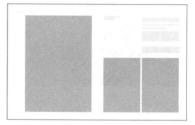

在该版面设计中，3张图片属于同一个系列，将其中整体环境的图片进行放大处理，使其成为版面的重点，其他两张细节图片稍小一些，可使整体主次分明，主题明确。

2 用图片大小对比营造节奏感

图片大小的对比不但可以表示信息的先后顺序，还可以制造出版面的节奏感。如果图片的尺寸只有一些微小的差别，不同大小的图片分布于版面的各个位置很容易使版面显得非常杂乱无章。因此需要对图片进行一定程度上的协调和统一，保持版面结构的平衡。如果图片的尺寸过多，会使每张图片的大小都不同，难以确定主次关系。因此，我们需要将图片大致分为大、中、小三个级别，令图片之间的主次关系更清晰。

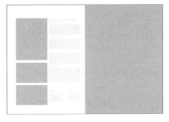

该版面设计将图片分为大、小两个层级，右侧的广告展示大图成为整个版面的焦点，左侧的 3 个小图作为文本介绍内容的补充，使版面具有了对比效果和层次感。

3 强调图片空间延展性

在版面中放置图片通常有矩形图片和出血图片两种处理方式。采取矩形图片的放置方式时，周围会空出一定的空间，图片在页面里便占据了一块独立的位置。而出血图的边线与页面边缘对齐，仿佛与页面融为一体，因此能增加视觉空间的延展性。一般而言，以出血的满版图片搭配文本绕图的小型矩形图片群组，是最基本的编排模式。

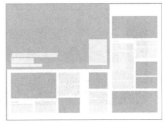

在跨页的左上角放置满版图片，而在页面的其他位置放置矩形图片组，这是常见的编排手法。将全景图片以满版的方式摆放，能加强空间的宽阔感。

案例分析

Before

调整前画册版面使用了图片的大小对比，在右侧放置满版图片，左侧为介绍内容，整个版面的表现并不特别突出。

After

调整后的版面中，设计者将右侧的图片放大作为整个跨页的满版背景，给人很强的视觉冲击力。左侧内容放置在一个矩形区域内，从背景里凸显出来。

4.2.3 图片方向

图片方向可以是人物或动物的视线动作，可以是有方向性的线条、符号、图片组合形式，也可以借助近景、中景、远景来达到。它们会在版面中形成某种视觉动势，具有视觉导向作用。

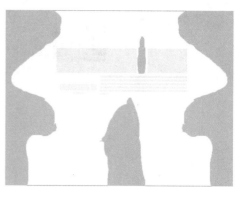

该口红广告通过人物嘴唇的特色图片将视觉焦点指向版面的中心位置，突出表现广告主题，给人很强的视觉方向感。

1 使用图片营造方向感

　　方向感强，动势就强。巧妙运用方向感能够突破版面的平淡无味，刺激读者的视觉，给读者留下深刻的印象，引导读者的目光随着图片指向移动。

该版面设计中左侧图片中人物的奔跑方向以及与主题文字相结合的倾斜辅助图形，都将读者的视线向右侧版面中的内容进行引导，有效地刺激了用户的视觉。

2 使用倾斜处理的图片创建动感

　　平面印刷品本身属于一种静态展示，如何才能使画面产生活泼动感的效果呢？我们需要在版面中通过富有方向感的图形与排版方式，使整个画面给人一种富有活力、动感的视觉效果。

该页面运用倾斜处理的图片、色块、线条，使版面表现出充满活力的动感效果。

3 巧用人物视线让读者注意主题

不论是希望读者关注大标题，还是希望引导读者的视线从标题到正文，再从正文到图片，都可以利用在版面中制造方向性来实现。

版面中最明显的方向就是人物的视线。使用人物图片的时候，图片中人物的视线方向，将会影响版面的视觉顺序。

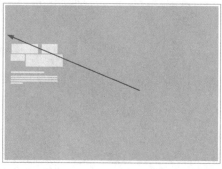

该版面设计为了突出标题部分，将版面的标题文字放在人物视线朝向的位置，虽然标题文字没有使用粗体，但确实能够让人印象深刻。

案例分析

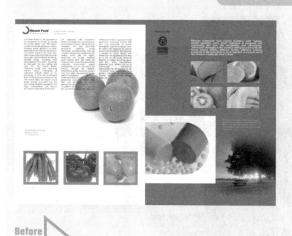

Before

调整前的版面设计中规中矩，使用色块来区分左右页面，非常清晰、明显，版面中的内容元素都是采用常规的矩形处理方式，使版面看起来传统、规矩。

After

运用倾斜图形来打破版面规则，使左右版面的区别不那么明显，看起来像一个整体。对版面中的图片素材进行了圆角倾斜处理，倾斜的方向与背景的大色块倾斜方向一致，使版面看起来更加动感，给人一种富有活力的感觉。

4.2.4 图片数量

图片数量的变化能够营造出不同的版面氛围，图片数量少（甚至一张），它本身的内容质量就决定了人们对它的印象，这样的版面简洁、单纯、格调高雅。图片数量多，版面出现对比格局，显得丰富活泼，有浏览余地，适合普及性、热闹、新闻性强的读物使用。图片如果过多，版面会缺乏重点，松散混乱。图片数量一定要根据版面内容来安排，不能随心所欲。

该餐饮宣传版面使用了多张素材图片，并且对图片进行了退底处理，突出了图片主题，多张图片的使用使版面有一种活跃、热闹的感觉。

1 少量图片营造简洁大气的氛围

版面中图片数量的多少直接影响到版式的效果，也影响到读者的阅读兴趣。一般来说，使用较少的图片，甚至只用一张图片，可以有效突出该图片的意境，使整个版面表现得非常简洁、直观。

该产品宣传画册的内页版面只使用了一张产品退底图片，搭配少量的介绍文字，整体简洁、大气，很好地展现了产品。

2 图片数量较多给人活跃的感觉

通常情况下，图片数量较多的版面更能够引起读者的兴趣。如果一个版面中没有图片全是文字，会显得非常枯燥无味，很难让人想要仔细阅读下去。但我们也不能纯粹为了吸引读者而大量使用图片，还是应该根据具体的版面需求来决定图片的数量。

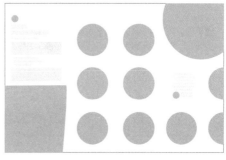

该版面使用了多张图片，并且采用了不同的图片应用方式，有效地丰富了版面的表现。并且在下角与右上角图片相呼应，中间部分的图片采用了统一的表现形式。

3 利用三角形构图呈现稳定感

版面中多张图片的尺寸相同会让人觉得缺乏重点，看起来比较松散。因此一般都会放置不同尺寸的图片，从而强调各元素的不同比重，并且通过图片的位置自然创造出左右两页的视觉顺序。利用三角形构图不仅替版面创造出阅读顺序，同时也决定了版面重心的位置。

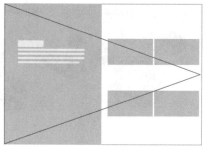

在该版面设计中，左侧版面使用满版图片，右侧版面将多张尺寸相同的图片放置在中间位置，形成三角形构图，这样的版面能够呈现出稳定感。

案例分析

Before

调整前版面使用多张图片，表现出形式的活跃和内容的充实。但多张图片也使得版面没有重点，从而使版面失去焦点。

After

调整后版面只保留一张图片，并将该图像放大至左侧满版，右侧版面只放置文字介绍，使版面的内容清晰、简洁、大方，让人一目了然。

4.3 图片的组合方式

现代版式中，构成原理的应用使图片的组合形式、意义都得到了进一步拓展，切割、打散、重叠等构成手法创造了许多不同凡响的新奇形态，为版面注入新的生命和活力，也给读者留下深刻的印象。在版式设计中，图片的组合方式可以粗略地分为块状和散点两种方式。

4.3.1 块状方式

块状组合图形密集、整体化，文字与图片相对独立，图片的块状格局与文字的强弱变化富有节奏感。垂直、水平方向的线条分割使版面秩序条理、大方、富于理智。

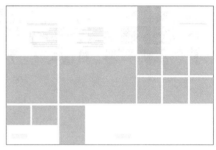

在该跨页版面中图片以网格块状进行排列，图片与图片之间设计了适当的留白，图片也在块状基础上采用了不同的大小，版面整齐而又显得活泼。

1 以尺寸决定图片主次关系

在跨页中放置大量的图片时，千万别摆成密密麻麻的状态，应该先分析各图片的拍摄主体、该主体在版面中的意义、图片本身的色调与角度，再一一加以分类。只要统一同类图片的裁切与放置方式，就能体现出图片之间的关联性。

此外，还应该确定图片的主次关系，再根据主次关系决定图片大小，然后才可以将其编排在版面中。如果没有特别重要的图片，可以考虑让各图片以不同的比重呈现，要均衡放置图片，而不是让其散落在版面中。

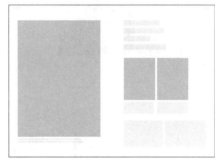

将产品的整体应用场景作为主图，放置在左侧版面中，而产品图片则以相同的尺寸放置在右侧，结合文字介绍内容，使读者能够感受到版面中各元素的不同比重。

2 以块状方式展示大量图片

由于矩形图片不像退底图片那样拥有排版上的高度自由，不容易展现设计上的变化，因而版面常显得单调。想在跨页中摆放多张图片的时候，更需要特别注意这一点。如果不多花心思设计一下，版面会显得毫无生气。虽然网格系统是最为基本的编排方式，但是为了不让版面过于死板、单调，可以通过一些设计来赋予版面变化。

以网格块状构成版面，同时在网格中以一些相同大小的矩形色块替代图片，可有效地舒缓版面的压迫感。将网格构图放置在跨页的中间位置，上下搭配文字，增强了可读性。

3 打破规则图片尺寸使版面更活跃

在版面设计中以块状方式排列多张图片时，可以使用倾斜图片，或去掉一整格内容，或放置大小不一的图片，这样可以打破网络系统规则，为版面带来不同的趣味性，使版面表现得更加活跃。

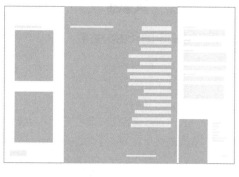

虽然该版面仍然是沿着网格排列图片，但是图片之间的尺寸差让版面显得更加活泼。这种不太规则的编排方式，更能为版面创造出节奏感。

案例分析

Before

调整前的版面使用块状方式对图片进行编列组合，各图片的尺寸大小相近，整体看起来非常规整，但也因为图片尺寸相近，所以没有主次图片的大小对比。

After

调整后该旅游度假村的全景图片得以放大处理，与其他细节图片形成大小对比，使图片之间产生主次关系，从而能够使版面表现出更好的节奏感和变化。

4.3.2 散点方式

版面设计中的图片散点组合方式是指图片与图片之间分散安排，图片穿插于文字之间，使版面的表现更加轻松自由、活泼随意，具有很强的亲和力。

将多个退底处理的产品图片自由放置在版面不同位置，并且每个产品图片的旁边都放置了该产品的相关介绍文字，版面非常轻松自由、有亲和力。

1 通过图片创建自然的阅读顺序

通常，版面中的图片会沿着对角线放置，需要注意它是否符合自然的视觉顺序。在编排食谱这类看重顺序与时间轴前后关系的页面时，如果能在位置上多花心思，则可为内容增添比重差异，同时让阅读顺序更为清晰。

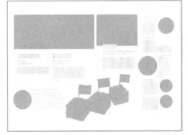

在该版面设计中，图片采用了不同处理方式，既有底退图片也有圆形图片，将不同形状的图片与文字进行混排，使版面非常活跃，并且图片与文字很好地结合也方便读者的阅读。

2 尽量让版面不要显得太无聊

介绍大量对象的版面多半会使用退底图片来编排。这样不仅能够置入大量图片，也能够营造出丰富热闹的印象。但反过来看，如果只是单纯罗列对象，则版面往往会显得无趣、缺乏生气。如果希望拥有动感效果，可以将图片以不同尺寸放置，甚至是沿着特别的形状放置。总之，不让人产生厌烦感的排版关键在于尽量在版面中创建动感和节奏感。

让退底处理后的图片横跨整个跨页，有效地活跃了跨页版面，其他图片采用不规则的方式排列，高低不一并且相互叠加，使版面显得非常欢快，富有节奏感。

3 运用留白凸显元素存在感

版面编排中的留白，并非只是单纯的空白，它还能够突显图片与内文等元素的存在感，决定谁是版面中的重点表现内容。因此，留白本身有极其重要的功能性。版面中留白越多，页面就越显得宽松，同时也会产生高质感的印象。决定留白的位置时，重点在于不可让版面因留白而显得凌乱。除了要注意引导视觉顺序外，还需要注意同类版面元素之间是否存在一致性。

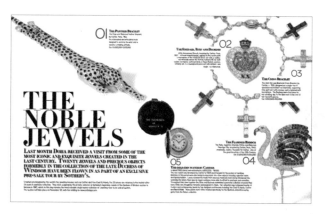

根据退底处理后的产品图片形状在版面中放置图片，在每个图片的旁边放置介绍文字。版面中大面积的留白，除了能让版面不显得凌乱，还能凸显主要图片。

案例分析

Before

调整前的版面使用散点方式放置多张汽车图片，并且图片的尺寸大小、位置都不相同，看起来非常丰富和自由。

After

调整后版面右上角的汽车图片替换为一个退底处理过的图片，并且该图片叠加在其他图片上方，使版面更加具有动感和立体感，给人一种活力感。

4.4 图片的裁剪

图片的裁剪是排版设计最基本、最常用的方法之一。通过裁剪，可以去掉不需要的部分图像，同时也能够改变图片的长宽比，调整图片的效果，令图片更加美观，更适合版面的需要。

4.4.1 通过裁剪缩放版面图像

裁剪的作用之一，是截取图片中的某一部分。需要注意的是将裁剪后的图片放大处理时，需要先确保图片的分辨率较高，这样才能保证印刷成品的清晰度，一般需要达到 300dpi 以上。

通过对人物照片进行裁剪处理，只表现人物的上半身，并且着重表现人物的眼神、姿态，使版面的视觉冲击力得到有效强化。

1 通过裁剪突出图片主题

对版面中的图片进行裁剪处理，减少图片中多余的信息，保留下来的部分就形成了局部放大效果，能够非常有效地将读者的视线集中到设计者想要展示的内容上，能够有效地突出图片的主题。

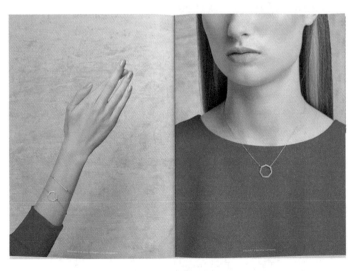

该版面图片被裁剪处理，模特仅仅是为了展示商品，通过裁剪处理突出了商品在模特身上的佩戴效果。

2 通过裁剪删除多余图像

裁剪图片，除了可提取需要的部分图像之外，另一个重要作用是将图片中多余的部分删除。例如，户外拍摄的照片常常会有路过的行人出现，影响照片效果，这时就可以通过裁剪这部分多余图像将其删除，以完善照

片的效果。需要注意的是，使用这种方法裁剪图像会删去图片中的信息，因此在裁剪之前需要分析哪些信息是可以删除的，哪些是必须保留的，尽量避免因为过度裁剪而删除需要保留的信息，或者因为裁剪不彻底而残留不需要的信息，给读者留下错误的印象。

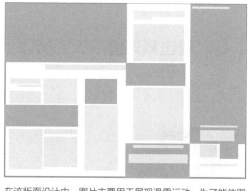

在该版面设计中，图片主要用于展现滑雪运动，为了能使图片具有更好的表现效果，可以将图片中不重要的景物等裁剪掉，从而通过人物运动形态更好地表现主题。

案例分析

Before

调整前的画册版面左侧使用向日葵图片，该图片中有多个向日葵图像而没有对该图片进行裁剪，图片的表现效果一般。

After

调整后版面左侧的向日葵图像得到裁剪，只保留一半的向日葵，使图片的视觉效果更好，视觉冲击力更强。

4.4.2 通过裁剪调整图像位置

　　以图片为背景，将文字内容添加到图片上是一种常用的版式设计手法。这时，主要拍摄对象的位置就显得非常重要。并且，拍摄对象的位置不同，给读者留下的印象也是不同的。当拍摄出来的照片原图没有达到预想的效果和排版要求时，可以通过裁剪来调整被摄物体的位置。例如，想要将位于图片中央的物体移动到左下方，可以保持图片右部和上部不变，对图片的左侧和下部进行裁剪，就能够得到想要的效果。

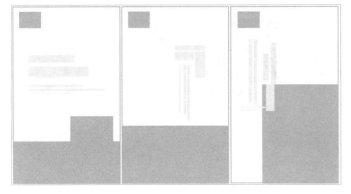

通过裁剪将图片中的拍摄主体放置在每个版面右下角的位置，在版面的上方放置主题文字，与右下角的图片相呼应，多个版面形式统一。

1 抓住图片的关键点

　　图片是将相机朝向拍摄对象，通过主观判断，在固定的框架里拍摄的作品。这里所说的框架，等同于裁剪的意义。对图片进行合理裁剪，可以明确地突出编排意图。决定裁切方式时，应该注意内容的重点，以及能够体现图片含义的关键点。

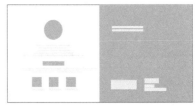

该版面通过对图片进行裁剪处理，突出图片中的细节，与画册需要表现的"春季"主题相吻合，有效地抓住了图片的关键点。

2 大胆裁剪，使目光聚焦于图片的重点

在对图片进行裁剪时，不能只考虑单张图片，应该综合考虑页面中各图片之间的组合方式与相对位置。合理、大胆的裁剪处理，能够使读者的目光聚焦于版面中的图片，被图片所吸引。

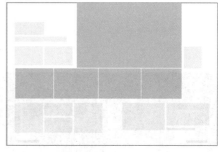

设计者大胆地对图片进行裁剪，只保留自行车与选手身体相接触的部分，通过这种制造图片焦点的方式，能以视觉化的方式表现出自行车运动的乐趣。

案例分析

Before

调整前的版面中，虽然图片表达的意义明确，但是其矩形的表现方式与右侧版面中的圆形图形并不协调，并且该图片中有较多多余的部分，版面的整体表现效果不佳。

After

调整后版面使用圆形图形对左侧图片进行遮盖，相当于对图片进行裁剪处理，只保留了图片中意义明确的部分，使得整个版面效果更加活跃，意义表达明确。

4.5 图片的对齐方式

常见的图片对齐方式有上对齐、下对齐、左对齐和右对齐这 4 种方式。其中，使用最频繁的是左对齐。这种对齐方式符合人们从左至右的视觉流程，十分便于阅读。

1 图片对齐，方便读者阅读

对齐使读者阅读完上一行之后视线返回下一行的同一位置，非常方便。除了便于阅读，对齐也是创造美感的方式，不管多么杂乱的内容，只要文字与图片采用对齐的方式排版，就会显得井然有序，富有美感。

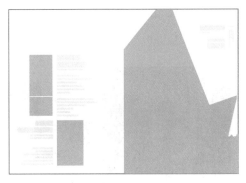

左侧版面中的文字与图片都进行了对齐处理，使该部分内容看起来非常整齐，阅读起来也很方便。这里分别采用了左对齐和右对齐两种方式，有效地区别了两个不同的主题。

2 通过网格系统对图片进行编排

版面中如果有多张图片，可以使用网格系统对图片进行编辑，图片与图片之间可以适当留白，从而实现版面的平衡。不过，为了不让版面显得单调，仔细思考视觉设计重点的位置以及该强调的内容，都是相当重要的。

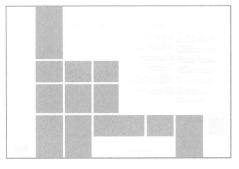

该版面运用网格系统对多张图片进行编排处理，网格之间用留白的方式使版面实现平衡。此外采用不同尺寸的网格图片并穿插色块，使版面的表现又富于变化，具有现代感。

3 通过图片的动态编排活跃版面

图片除了可以采用常规的上、下、左、右对齐方式进行编排外，还可以将图片本身倾斜放置，或者将若干图片按照一定的路径倾斜排列等来打破平衡，增强图片的动感，使版面的表现更加活跃。

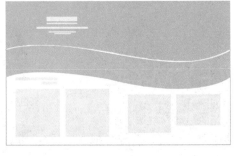

该版面中间位置运用横跨跨页的曲线区域分隔上面的图片与下面的正文，并在曲线区域填充图片，使版面的表现效果更加灵动、活跃。

Before

调整前的右侧版面采用散点的方式放置图片，图片仅与文字进行了左对齐处理，内容显得散乱，没有条理。

After

调整后，右侧版面中的图片对齐，统一放置在版面的右侧，并且使用背景色进行衬托，文字内容放置在版面中间位置，看起来非常整齐，条理清晰。

4.6 图片在版面表现中的作用

作为版面设计的重要元素之一，图片比文字更能够吸引读者的注意，不但能直接、形象地传递信息，还能使读者从中获得美的感受。因此，图片的选择和编排处理对版面效果起着至关重要的作用。

4.6.1 表现版面的氛围

在版面中使用图片，特别是满版图片，能够有效地渲染版面要表现的氛围，并且图片的排版和处理方式不同，能够表现出不一样的效果。在排版设计过程中，图片素材的选择显得非常重要。

该版面使用图片作为跨页的满版背景，图片经过模糊处理，表现出速度带来的动感。版面的左边缘和下边缘处有少量留白，体现出版面的个性。

1 利用大量留白表现沉稳

　　一般的矩形图片本身就有框，因此图片就如同一张画一样，具有固定的形象。如果将高明度的图片放在大量留白的版面中，两者的叠加效果更能强调沉静知性的氛围。另外，如果想进一步强调固定的印象，可以将左右页面编排成对称的形式，也能得到不错的视觉效果。

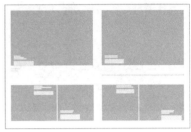

该版面用左右对称的版面表现出沉稳而固定的印象，像这种左右对称的设计，通常能让人感受到页面的对比，并赋予版面完整性。

2 通过图片表现出内心感受

　　图片的角度＝拍摄角度，常用的拍摄角度有仰角、水平和俯视等。角度不同，拍摄主体呈现的感觉也不相同。仰角往往会让人感受到拍摄主体带来的压迫感，俯视角度则可以让拍摄主体看起来矮小。这类细微的角度差异，通常可以影响阅读者阅读图片时的感受。

　　虽然让人感到最自在的角度是一般的水平角度，但如果想在页面里表现特别的意图，可以通过调整角度创造出不同的效果。

在该版面中以水平角度拍摄的图片表现出婴儿与母亲互动的温馨场景，除了引起读者共鸣，也能创造出亲近的感觉。

3 通过图片为版面增添动感

　　商业杂志往往希望能够创造出活泼的版面，此时可以通过图片的编排方式来强化方向性，从而让内容显得更加生动。

　　如果要强调方向性，除了可以利用前面介绍的人物视线外，还可以利用极端的角度来营造图片的震撼力，或是使用倾斜图片塑造动感效果。注意不要将版式设计得过于工整，要多尝试使用风格大胆的图片，这样才能够让版面活泼起来。

该版面运用倾斜角度拍摄的汽车图片，并对汽车进行退底处理，表现出动感，图片位置，也使版面更加自由。

案例分析

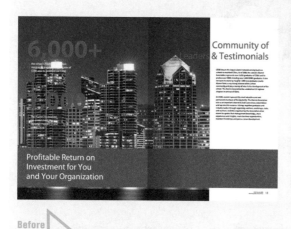

Before

After

调整前的版面中，大楼图片以水平角度拍摄，版面整体表现中规中矩，比较平淡，不能很好地引起读者的注意。

调整后的版面采用仰角拍摄的大楼图片，强调了由下而上耸立的方向性，通过图片的构图为版面带来了较强的活力。

4.6.2 图片的构图

图片的构图对于版面设计来说同样重要，好的图片构图能够给版面增色不少，版面设计过程中可以根据图片的构图方式来选择合适的排版方式。

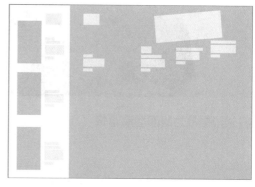

使用设计精美的广告图片作为该版面的跨页大图，在左侧使用背景色块划分出一部分版面，放置产品图片及介绍，整个版面给人感觉内容清晰，效果突出。

1 构图的明确性

当需要设计的内容是两个对比对象时，可以利用强调左右对称的构图，进一步创造令人印象深刻的版面。尤其用具有象征意义的两张图片彼此对照，更能直接而明确地传达内容。

该版面根据左右版面介绍的内容，分别放置了两张图片，以同样的大小比例，利用跨页的左右版面来构成简单的对比关系。这是利用版式设计来呼应及传达主题的常规方法。

2 在左右两端放置图片，形成鲜明对比

基本上，统一图片尺寸或以平行移动、左右对称的编排方式设计跨页左右版面，就能够突出图片的对比性。如果综合运用留白和底色让左右页面产生对比效果，就能更清楚地强调对比性的存在。

在跨页的左右两端以出血方式摆放了同尺寸的图片，图片分隔在左右两侧，因此能进一步强调对照的印象。另外，中央的文字区域也做了大量留白，可以凸显出图片以外的元素的对比性。

3 让食物图片看起来更美味

在设计食物类的版面时，如果希望通过版式进一步强化食物可口美味的感觉，可以将背景颜色设置为黑色或白色。尤其是黑色，能让食物看起来更加美味，因此一般常用黑色的器皿来衬托料理本身的鲜艳色彩。另外，应该使用大图来进一步强化食物的美味感。

在该食物题材的版面设计中，黑色的背景色凸显出食物的色彩，不仅可以促进食欲，也能够增添高级感。

案例分析

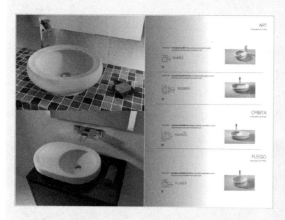

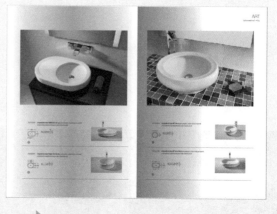

Before

After

调整前在左侧版面中放置产品图片，并且两张图片都是出血图片右侧版面中放置这两款产品的相关信息，这样的构图方式使得版面内容混乱，无条理。

调整后的版面在左右分别放置不同的产品图片和相关信息，左右版面形成对称的构图，并且大量运用留白，使读者能够清晰地阅读版面中的内容。

4.7 图片与文字的处理

　　如果想要延展图片里的空间，可以将图片以满版的形式放置，并且在图片内摆放文字。此时如果希望文字颜色不跟图片颜色混杂在一起，可以利用高反差的白色文字、100% 的黑色文字或是红色文字。不过，白色有时候会因为印刷误差而使可读性降低，在使用小而细的字体时，需要特别注意。

使用满版图片作为跨页的背景，在图片中搭配白色的文字，并且采用横排与竖排相结合的方式，体现出传统与现代的结合。

1 用标题文字的位置展现空间感

图片中摆放文字的位置通常为天空或是阴影这类明暗变化较少的位置，当然，也可以将文字放在图像比较模糊的位置。在使用满版图片的跨页版面中，可以将文字放置在左右两侧，从而有效地拓展版面的空间感。

该版面使用满版图片作为背景，搭配反白的文字，除了放大标题字号以凸显文字的存在感，还将文字置在对角的位置，进一步强调出图片的空间感。

2 利用半透明色块来突出文字的可读性

如果版面中的图片色彩比较丰富、色调变化比较大，为了使图片中的文字具有良好的可读性也不破坏图片的完整性，可以在文字的下方添加半透明的白色或黑色背景色块，这样可以使文字具有很好的可读性。

通过在文字内容下方添加半透明色块，可以凸显文字内容，使内容清晰、易读，也不会破坏满版图片的表现效果。

3 使用能营造氛围的文字颜色

在图片内放置文字，基本上会使用黑色或反白这类能够保持文字可读性的配色。不过，有时候根据图片的色调来设置文字颜色更能衬托图片的氛围，完成令人印象深刻的版式设计。只要使用图片中的某种颜色作为文字的色彩，就能够自然地创建出统一感。

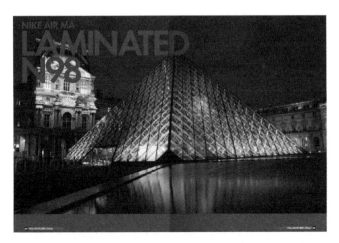

该版面将知名建筑夜景图片作为跨页的满版图片，为了呈现华丽的风格，将文字颜色设置为红色，与图片的风格统一，并且能够与下方的红色矩形色块相呼应。

案例分析

Before

调整前的画册版面中，图片采用了大小对比的方式，并且使用了留白，使人感觉简洁、清晰，但缺少一些视觉冲击力。

After

调整后的版面将图片铺满整个跨页，文字和小图片放置在大图片上方，并添加半透明的黑色背景，使版面的效果更加突出，并且保持了文字的可读性。

4.8 本章小结

　　图片在版式设计表现中是极为重要的元素，出色的图片运用和编排可以为版式增添活力，本章详细向读者介绍了版式设计中图片的各种编排和运用方法，读者需要理解图片编排的意图和作用，并在排版设计过程中，灵活运用各种图片编排表现方法。

第5章
文字对版面的影响

文字是语言的视觉形式，它突破时空局限，成为人类传递信息使用最普遍工具。然而版式设计中的文字意义绝非仅此而已文字在版面中大可为"面"，小可为"点"；可以作为独立单位，也可以连而为线，集结成形。不同字体形态多变，性格各异，文字的可塑性极大丰富了版面设计的表现力和情感语言，在传递信息的同时，文字已经成为富有启迪、创造、审美、时尚意义的艺术性因素。

5.1 选择合适的字体

文字在所有的视觉媒体中都是非常重要的表现因素，文字的排列组合直接影响到版面的视觉效果。选择合适的字体，能够满足版面设计以及主题风格定位的需求。

5.1.1 字体的风格

字体是指文字的风格款式，或者是文字的图形表达方式。根据不同的版式需求选择合适的字体，关键在于要与文字内容相协调。

中文字体分为书写体、印刷体、手绘美术字体三大类。现代设计中应用较为广泛的是宋体、仿宋体、黑体和楷体。它们清晰易读、美观大方，为大众喜爱。版面中的标题或一些特定位置，为了达到醒目的效果，常常使用综艺体、圆体、手绘美术字等特殊字体。

该版面中既有中文也有英文，为了使内容具有很好的可读性，正文部分采用了常规的基本字体，宣传标语则采用了富有张力的书法字体，整个版面清晰、整洁。

拉丁字体一般可以分为常规体、斜体、黑体、黑斜体等，它们数以千计，其中只有少数为设计师常用。

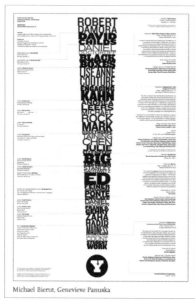

该版面主要由字体构成，用英文字体的常规体、粗体、黑体等多种样式构成一种特殊的版式效果，非常富有创意。

如今电脑的使用拓展了文字的创新空间，电脑字体已经成为版式设计中不可缺失的部分，品种之繁多、使用之便捷，使设计师如鱼得水，视觉传达领域因此变得更加丰富多彩。

特殊字体在版面设计过程中常用于标题或主题性文字，应用特殊字体能够更好地贴近版面需要表现的主题，使版面的效果更加美观。

技巧

同一个版面中尽量只使用两至三种字体，否则会因为字体变化过多造成零乱，缺乏整体统一感。已选中的字体可以通过拉长、压扁、加粗、减细、变化行距、字距等达到理想的视觉效果。

1 使用书法字体表现古朴风格

文字字形在阅读时往往不被注意，但它的美感会随着人的视线在字里行间移动，会引发直接的心理效应。不同的字体会唤起不同的联想、感受，如宋体端正庄重，黑体粗犷、厚实、男性化，楷体自然、流动、活泼，隶书古雅飘逸，圆体圆润、时尚……针对字体这种信息传递功能，我们要根据不同的出版物、稿件、版面的要求来选择恰当的字体，这对版面设计有十分重要的意义。

该版面是一个中国传统风格的画册版面，使用书法字体表现主题使版面富有文化底蕴，呈现出大气、传统的风格。

2 使用手写字体表现随性、有趣味的风格

手写字体模拟人们在纸上手书的字体效果，通常手书的文字不可能非常规整，这给人一种自由、随意、亲切、贴近生活的感受，通常用在一些时尚、个性化和有趣的版面中，不适合用于大篇幅的正文内容。

该宣传海报使用手写字体表现主体内容，搭配个性化的模特，使得整个版面呈现出个性、自由、活跃的风格。

3 常规字体用于内容较多的版面

一旦改变字体，版面的整体风格就会跟着改变。总是使用同样的字体会使版面显得很无聊，但是特殊的字体也不适合用在内容较多的版面中。因此，必须配合媒体类型、页面主体以及设计风格来选择字体。如果是内容较多的版面，为了使正文部分具有良好的可读性，通常使用宋体、黑体等常规字体，而标题可以使用特殊字体进行表现。

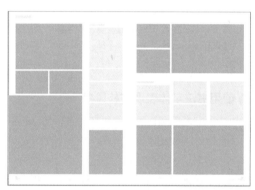

在文字内容较多的版面中，正文内容都会选择常规字体，这样版面规整、不花哨，给人一种视觉效果统一的印象，并且正文内容具有良好的可读性。

案例分析

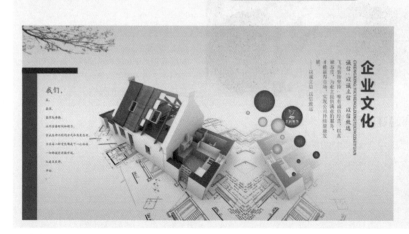

Before

该企业宣传画册版面设计简洁，右侧正文内容采用竖向排列，通过加粗和加大来突出标题，但使用的字体无法表现传统韵味。

调整后的版面主要对右侧版面中的正文标题进行了修改，使用书法字体来表现标题，并且对标题文字进行调整使其大小和位置不一，这样看起来更有层次感，并能够体现出传统韵味。

5.1.2　应用字体样式

　　如果想设计出严肃、庄严的版式，需要选择较为规整的字体；如果想要设计出有个性的版式，则可以选择较为独特随意的字体；如果是卡通版式，那么圆润可爱的字体最为适合；而如果是欧式风情的版式，则通常会使用带有曲线的字体。

在该杂志封面版式中，标题使用了有衬线的罗马字体，呈现出精致、华丽的西式风格。

该版面的文字选择了类似黑体的无衬线字体，笔画较粗，较为醒目，整个版面给人稳重的感觉。

5

文字对版面的影响

131

在该版面设计中，标题文字采用类似手写体的卡通字体，表现出可爱、有趣的风格。而正文部分使用常规字体，使正文具有良好的可读性。

案例分析

Before

使用满版图片作为该跨页的背景，标题文字使用了有衬线的罗马字体，比较适合表现与女性、精致有关的内容，运用在该版面中并不合适。

After

调整后标题字体替换为类似黑体的粗壮、无衬线字体，版面的主题表达更加明确，并且该字体能够给人一种厚实、沉稳的感觉。

5.2 文字编排的基本形式

　　版面中的文字内容编排，可以采用多种不同的方式，不同的编排方式会带来不同的视觉效果，不同的字体也能表现出不同的编排效果，本节将向读者介绍文字编排的基本形式。

5.2.1 不同字体的编排方式

　　字体的搭配是有规律的，编排字体的主要目的在于传递信息，同时保证画面的协调性。在搭配不同字体的时候，应该力求达到协调与阅读的流畅性。

该版面中既有中文也有英文,中文和英文都采用了相同的左对齐编排方式,两种文字的介绍内容分别放置在版面的对角线下,内容清晰,很好地区分了不同内容。

1 中文字体的编排

中文字体属于方块字,具有字体的轮廓性,并且每个字符占据的空间都是相同的,限制较为严格,例如段落开头必须空两格,竖排文字必须从右到左等规则。中文字体是一种非常规整的文字,因此灵活性相对较小,编排难度较大。

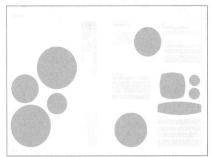

在该版面中,标题文字使用大号的宋体并采用竖排方式,突出表现标题的独特性,正文使用黑体并采用横排方式,排版工整便于阅读,给人舒适、平静的感受。

2 英文字体的编排

英文字体以流线型方式存在,灵活性很强,能够根据版面的需求灵活变化字体的形态,以解决版面僵硬、呆板的问题,创造出丰富生动的版面效果。

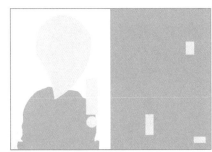

该版面标题文字采用了一种变形的处理方式,变化效果丰富,但毫不杂乱,并且能够更好地展现版面的主题,充分体现出英文字体的灵活性。

❸ 中英文混合编排

在版式设计中，经常会遇到中英文对照的情况。中文字体的象形、会意等特征和英文字体的简单、图形化的特征充分结合，展现出两种字体的优势。编排时应该注意中文字体与英文字体的设计创意与主次关系，做到层次明确，并且要注意字体的统一性，如果字体变化过多，很容易造成版面的混乱。

该画册版面运用了中英文相结合的方式，中文作为主体，英文字体作为辅助，英文除了作为中文的补充，还起到了一定的装饰作用。

案例分析

Before

该画册版面的设计使用了传统的水墨山水画和建筑物来体现中国传统文化，版面中的文字采用传统的横排方式，给人一种风格不统一的感觉。

After

调整后的版面对文字内容的排版方式进行了调整，将横排文字修改为竖排文字，整个版面立刻给人一种宁静、悠远、文化气息浓厚的感觉。

5.2.2 常见的文字编排形式

　　版式设计中常见的文字编排形式主要有两端对齐、左对齐、右对齐、居中对齐、自由排列和图形化排列等，如果版面中的正文内容比较多，则通常都会采用左对齐或两端对齐这样的常规形式，使正文内容获得良好的可读性。对于版面中的主题文字，或文字内容较少的情况，可以采用多种不同的排列形式，从而获得更好的表现效果。

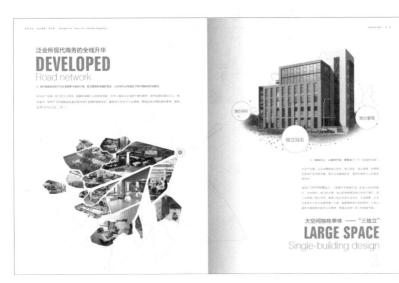

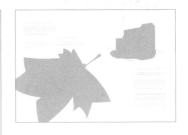

在该版面设计中采用了多种不同的文字编排方式，左侧页面中采用文字左对齐的方式，右侧页面的内容采用了文字右对齐，段落文字则是两端对齐，整个版面文字内容显得整洁而干练。

1 文字两端对齐

　　文字从左至右两端对齐，使用这种方法排版字群端正、严谨、稳定，但容易使版式显得平淡，在设计过程中需要注意字体的使用，以及字体大小的变化，从而搭配出丰富的层次感。

在该海报版面中，上端的主题文字与下端的介绍文字采用两端对齐的排列方式，使版面的表现更稳定。

在该海报版面中，主题文字采用两端对齐的方式，字体大小的变化使主题表现醒目、有力。

2 文字左对齐

　　左对齐能够使行首形成一条直线，行尾则因语句不同而有长短之变，张弛有度，呼应有法，是一种和谐的对比关系。左对齐符合人们的视觉习惯，使读者的阅读自然、流畅，是目前版面设计中常见的一种文本对齐方法。

在该封面设计中，文字采用了左对齐的排列方式，不同的字体和大小丰富了版面的效果。

在该海报设计中，文字采用了左对齐的排列方式，字体大小不一、疏密有致，丰富了空间的变化。

3 文字右对齐

右对齐能够使行尾形成一条直线，行首则因语句不同而有长短之变。右对齐有违视觉习惯，但效果新颖别致，右对齐文本能够形成视觉边框，使左边有一定指向感，如果采用右对齐的文本编排方式，应该把文本内容控制在 10 行以内，过多会引起视觉不适。

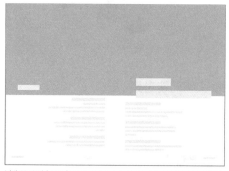

该版面设计同时采用了左对齐和右对齐两种文字排列方式，左侧版面中的文字采用右对齐，右侧版面中的文字采用左对齐，版面的文字排版富于变化，并且有向中心聚拢的效果。

4 文字居中对齐

文字居中对齐是指文字以轴线为中心对称排列，这种编排方式可使视线集中，中心突出，文字长短不一使左右两侧富于节奏变化，活泼而不失端庄。设计中要注意语句换行的流畅感以及中英文拼写方式上的差异，避免造成阅读困难。

该楼盘宣传海报中，文字采用了居中对齐的排列方式，文字沿中心轴对称排列，使主题文字更加突出。

该图书封面中，文字采用了居中对齐的排列方式，使用不同大小和不同颜色的文字来区分内容，活泼而醒目。

5 文字自由排列

文字自由排列是指版面中的文字不拘泥于齐整、规律的排列方式，常以独特的字形、大小、疏密、走向之变化来构造有意味的形式，它配合图形表现设计主题，使版面的表现更加灵活、生动、个性十足。

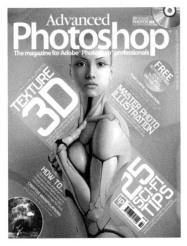

该封面设计中，文字采用了自由排列方式，文字的倾斜方向虽然不同，但倾斜的角度统一，表现出自由、独特的效果。

该封面设计中，文字采用了自由排列方式，杂乱的线框文字更能凸显正文内容，整个版面让人感觉灵动、有个性。

6 文字图形化排列

文字图形化排列包括两种情况，一种是文本绕图，文字绕图片边缘排列，两者形成局部结合的关系，使版面内容表现自然、融洽。

将正文内容与版面中的人物形象相结合，采用绕排的方式，巧妙地表现了内容。

该版面中的文字排版以人物脸庞为基础，将文字内容与人物脸庞融合在一起，表现自然，具有很好的创意和表现力。

另一种是将文字按照某种形状进行编排，使其图形化，这种方式有趣夸张，但需要注意图形的表现与版面主体内容的要一致，与其他要素要和谐。

该版面将人物剪影图形与文字相结合，将文字内容表现为人物的下半身，非常自然地与人物头部相结合，创意十足，此处的文字不需要有良好的可读性，更多体现的是图形的创意。

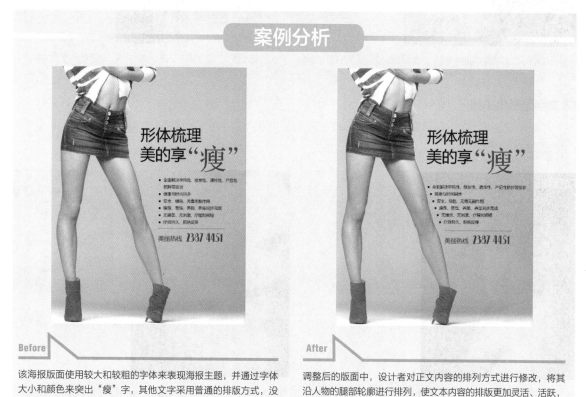

该海报版面使用较大和较粗的字体来表现海报主题，并通过字体大小和颜色来突出"瘦"字，其他文字采用普通的排版方式，没有很好地与版面中的图片相结合。

调整后的版面中，设计者对正文内容的排列方式进行修改，将其沿人物的腿部轮廓进行排列，使文本内容的排版更加灵活、活跃，并且能更好地将主题与人物图片相结合。

5.3 文本的字号和间距

文字之间的搭配是有规律的，在版面中对文字进行编排的主要目的在于传递信息，同时保证整个版面的协调性。在对不同文字进行搭配的时候，应该力求达到协调与阅读的流畅性。

5.3.1 不同行业字号的规定

字号是表示字体面积大小的术语。在计算机中，字体的大小常用号数制、级数制、点数制进行衡量。

号数制采用不成倍数的几种活字为标准，字号的标称数越小，字体越大，使用起来简单方便。使用时不需要考虑字体的实际尺寸，只需要指定字号即可，但是因为字号与字号之间没有统一的倍数关系，所以折算起来不是很方便。

　　级数制是以正方形为基准衡量字体面积大小，双级（K）为单位（1K=0.25mm），那么 100 级字就是边长为 25mm 的方字。

　　点数制是世界流行的计算机字体标准制度，是拉丁字母大小的衡量标准，电脑排版系统是使用点数制来计算字号大小的。点也称为磅（pt），每点等于 0.35mm。

　　下表介绍了常用的字号大小及主要用途。

常用字号大小及主要用途

号数	点数	级数	尺寸/mm	主要用途
初号	42	59	14.82	标题
小初	36	50	12.70	标题
一号	26	38	9.17	标题
小一	24	34	8.47	标题
二号	22	28	7.76	标题
小二	18	24	6.35	标题
三号	16	22	5.64	标题、正文内容
小三	15	21	5.29	标题、正文内容
四号	14	20	4.94	标题、正文内容
小四	12	18	4.23	标题、正文内容
五号	10.5	15	3.70	书刊报纸正文

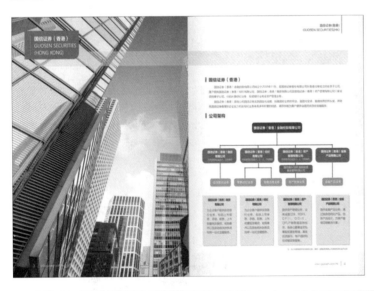

该版面是一种常见的画册版面设计，左侧为满版图片，右侧为介绍内容。介绍内容的标题与正文采用了不同的字号、颜色和粗细，从而使版面内容层次非常清晰，便于读者阅读。

案例分析

Before

左侧版面中放置全景大图片，右侧版面放置两张其他角度的图片，并在图片下方放置简单的介绍文字，文字字体有点过小，使版面显得过于空旷。

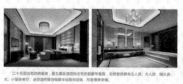

After

调整后的版面加大了右侧页面中的文字字号，并将文字内容与上面的图片进行两端对齐，使该版面的表现更加清晰、整齐。

5.3.2 设置字体的字号和字距

字号的大小决定着版面的层次关系。字距是指字与字之间的距离，字体面积越小，字距就越小，字体面积越大，字距就越大。如果字号较小，并且字体较粗，那么就应该适当加大字距以便于读者阅读。即使使用同样的字号，不同字体的大小及间距还是有差别的。例如，较粗的字体即使不用很大的字号，也能够引起读者的注意，有时仅仅增加字距，也能提高文本的注目程度。因此，字号与字距的选择需要结合字体特点来考虑。

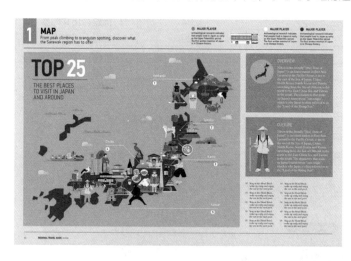

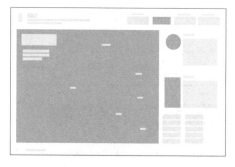

该版面为不同部分的文字使用了不同的字号和字间距，标题文字通常采用大一号的字体，并且加粗显示。右上角的文字内容使用较小的字体，字距较小，显得非常紧密。其他正文内容采用常规的字距设置，便于阅读。

案例分析

Before

调整前的版面中，文字字体较细，字距设置为0，这是版面设计中最常用的字距值，阅读起来比较舒适流畅。如果让字距设置小于0，会更加紧凑，不适合大篇幅使用。

After

调整后的版面文字字号并没有改变，但是字体较粗，看起来比调整前的字号更大。字距设置为100，比较适合阅读，如果字距设置得过大，就容易显得松散了。

5.3.3 信息量决定行间距

行距指的是每两行文字之间的距离。行距的确定主要取决于文字内容的用途，如果文字的行距适当，则行与行之间的文字识别率较高；如果行距较小，则行与行之间的联系较紧密，但是可读性也会相应降低。

该版面正文内容采用了约1.5倍的行距，文字内容清晰、易读。为内容中的重点信息使用黑色的背景色搭配白色的文字，在版面中很突出。整个版面的文字内容清晰、整洁，非常便于阅读。

通常情况下，标题的行距为标题的高度即可；目录的行距一般为文字高度的2至3倍，这样的层级分类比较清晰；正文的行距需要保持全文统一；介绍文字的行距要根据具体内容而定。文字行距的巧妙留白，能够更加有效地烘托出版面的主题，使版面布局清晰有条理，疏密有致。

该版面为标题使用大号字体并且搭配背景色块，使标题凸显出来，表明该版面的主题。正文内容的行距为文字大小的2倍左右，使正文内容非常清晰。版面中大量使用留白，搭配左侧页面的满版图片，使版面的表现更加清晰、雅致。

技巧

英文行与行之间的距离是字号点数的1/3，例如9pt字的行与行之间的距离为3pt，在排版软件中进行排版设计时，可以将英文的行距设置为9pt+3pt=12pt；中文行行与行之间的距离通常为字号的一半至3/4，例如9pt字的行与行之间距离为4.5至7.5之间，在排版软件中进行排版设计时，可以将中文的行距设置为13.5至16.5pt之间；艺术类书籍常常使用较小的字号和较大的行距，从而产生鲜明的感觉，字距甚至会达到字号的1倍以上。

Before

在调整前的版面中，正文部分的行距为 12 点，行与行之间的联系紧密，但过紧的行距很容易使读者感到视觉疲劳，阅读时也容易跳行，因此过于紧密的行距不适合大篇幅使用。

After

调整后的版面将正文部分的行距设置为 20 点，行与行之间具有一定的行间距，每一行的内容都显示得十分清晰。注意，正文部分的行距不宜过紧密，也不宜过宽松，如果行距过大，会显得太过空旷，有一种浪费版面的感觉。

技巧

字距和行距的处理，直接体现了设计师的审美品位。设计中，行距、字距的大小宽窄可以根据内容主题、艺术性需求灵活变化，以塑造清新、明朗、密集、厚重、活泼、古典等不同风格。但我们首先需要保证的仍然是文字的清晰易读。

5.3.4 调整段落间距

　　段落间距是指段落与段落之间的距离，包括段前距离和段后距离。段落间距可以让读者明确地看出一段文字的结束与另一段文字的开始。合理设置段落间距还能缓解读者阅读整篇文章产生的疲劳感，通常段落间距的设置应该比行距更大一些。

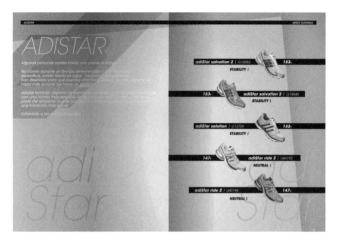

该版面的设计非常简洁，左侧页面为介绍内容，右侧页面为产品图片。左侧页面段落间距设置为行距的 2 倍左右，分段明确，也不会显得过于宽大，能够让视觉有一个放松的机会，整个版面的层次清晰，阅读起来轻松流畅。

1 利用少量留白表现版面张力

版面的使用率、段落编排的设置以及内容边界的安排，都必须依照版式设计的整体风格来决定。将大量的元素塞进页面的时候，版面的使用率就变高；反之，如果希望版面拥有高级与沉着感，则应该采用低版面使用率，这是版式设计的一个基本原则。

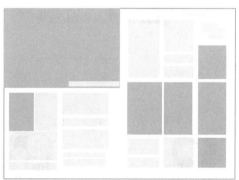

在该杂志版面中，正文内容较多，但仍希望用图片来吸引读者，因此使用高版面使用率的编排方式，尽量增加段落，置入大量的文字，使版面呈现出更多的热情与震撼力。

2 通过版面底端边界表现出轻盈感

在 A4 大小的杂志版面中，正文一般分为四至五个段落，并配合版面的目的性与目标群体的特点，进行字距、行距和段落间距等的调整。内文字数较多的版面，其格式必定会设置为塞满版面的状态，以营造充满活力、活泼的氛围。

该杂志版面中，正文内容围绕图片，版面底部使用深灰色搭配白色的文字内容与正文部分进行明显区分，使版面富于变化并能够得到很好的平衡，创造出活力和轻盈感。

3 利用段落呈现高雅而有质感的正文

只要使用大量的留白以及宽松的版式设计，就能够创造出生活杂志或时尚杂志的高级感与高格调。其编排的基础在于只摆放少量的内容，尽量让版面看起来很宽松。不过也需要注意配色、字体以及标题的大小，尽量以简朴的方式进行设置。

该版面采用低版面使用率的设计，形成具有高雅质感的版面设计。虽然正文的字体大小、字距和行距都很普通，但运用满铺的优雅背景图片、大量的留白，使读者能够以沉静的心情仔细阅读内容。

案例分析

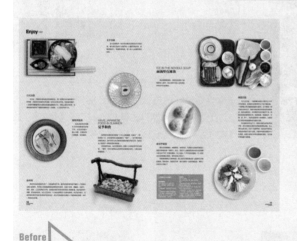

Before

After

调整前的版面将图片与相关介绍文字靠近放置，版面中的相关内容自由放置，版面显得轻松、随意。但是读者无法有效地确定文字内容与相关图片的关系。

调整后的版面通过添加一些错落有致的分隔线，使版面看起来条理更加清晰，每段文字对应的是哪一张图片读者很容易分辨，从而有效提高了内文的可读性。

技巧

如果能在版面中设计出足够的留白，即使设计 4 段或 5 段内文也没有问题，但如果希望版面更加轻松、特别，则可以奢侈地只排入两段内文，让这两个段落区域成为版面设计的重点，这是一种能有效创造氛围的编排手法。

5.4 文字的编排方式

文字在版面中的编排方式直接影响到版面的最终效果，我们可以把文字排列成"线"或"面"的形式，也可以组合成某个具体的形状，使版面元素显得和谐统一。

5.4.1 段落文字的编排

段落文字的栏宽可以根据图片的内容进行调整，如果版面中的多张图片尺寸统一，那么可以将段落文字的栏宽与图片宽度统一起来，形成规范的视觉效果。

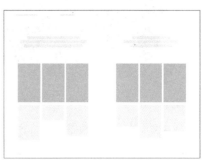

该版面中的文字段落放置在图片的下方，文字的栏宽与图片的宽度相同，保持统一的栏宽，整个版面给人统一、稳定的感觉。

如果图片占据了整个版面，那么文字栏宽的设计就比较灵活，在不影响图片效果的情况下，可以根据文字量来调整栏宽。

该版面中图片占据了整个跨页版面，在左上角和右上角放置文字内容可以比较随意，根据图片色彩使用不同的文字颜色，使版面中的文字清晰易读，并能够形成对比。

1 创建富有条理的多栏文字排版

对正文内容进行编排时，首先需要根据具体版面来划分栏，通栏是最正规的版式，多用于 32 开书籍。16 开、8 开以及面积大、字数多、内容杂的报纸、杂志等刊物，可以使用双栏、三栏、四栏等排版方式，这样可以使版面的条理更清晰，并且版面富于空间弹性变化。

该跨页版面以退底人物图片搭配文章内容，在右侧页面中放置文章，正文部分采用三栏的排版方式，版面条理清晰，给人一种整洁、大方的感觉。

技巧

段落文字的位置是编排的重点，首先需要考虑段与段之间的联系是否紧密，从而确定段间距；其次要考虑图片等元素与段落文字之间的联系；最后考虑版面的尺寸和文字量，如果版面小而文字多，就要将段落的位置安排得紧凑一些。

2 创建自由轻松的内容表现形式

对文本内容进行分栏的目的是方便读者的阅读。但有时正文内容也可以突破传统的分栏方法，以倾斜或其他自由组合的方式来安排，从而更轻松自如地传递信息，这样的版面能够给人留下深刻印象。

该跨页版面以倾斜的方式对图片与文字进行排版，向右上角倾斜45°的排版使人感觉活跃、积极向上。并且正文内容的行距较大，文本内容保持了较好的可读性。

3 不同的版式风格应用不同的文字排列方式

每一种版式都有明显的风格特征，文字的排列会受到版式风格的影响。例如中式风格的版面古典元素较多，因此竖向排列较多；西式风格的版面字体较多，因此左右对齐、居中对齐较多。

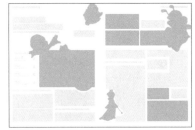

该杂志跨页版面中的文字内容较多，左页和右页都将正文内容分为两栏进行排版，但在不同的位置使用了退底处理的卡通形象来打破规则的分栏，实现文本绕图，整个版面既规整又富于变化。

案例分析

Before

在调整前的版面中，右侧版面中的图片与文字没有采用对齐处理，版面看起来不够整齐。

After

调整后的版面将右侧的内容进行分栏处理，并且每栏的宽度都与图片的宽度相同，每栏中分别放置相应的图片和文字内容，版面更具有条理性。

技巧

字距和行距的处理，直接体现了设计师的审美品位。设计中，行距、字距的大小宽窄可以根据内容主题，艺术性需求灵活变化，以塑造清新、明朗、密集、厚重、活泼、古典等丰富风格。即使如此，我们首先需要保证的仍然是文字的清晰易读。

5.4.2 标题、正文与注释的编排组合

通常情况下，版面中的文章大致分为标题和正文两大部分，另外还有注释说明性文字等。这些文字具有不同的功能，将功能一样的文字设定成相同的字体，是一项基本的原则。此外，为了区分不同层级的内容，可以通过改变文字的字号、字体、颜色、分行、距离等来进行明确的划分，使传达的信息更容易被理解，重要的内容更容易引起读者的注意。

在该跨页版面中，标题、副标题、小标题与正文的划分非常清楚。标题使用大号的红色字体，副标题放置在标题的下方，小标题放置在每段文本上方，使用与正文相同的字号，通过加粗来体现区别，文字层次结构非常清晰。

1 标题需要有一定的视觉强度

标题是正文内容的概括和逻辑中心，它如同版面的眼睛，备受关注，其变化对于创造版面至关重要。标题应该保持一定的视觉强度，字体应比正文大、醒目。标题的摆放位置比较自由，可以置于段首也可居中、横向、纵向、旁置均可，甚至可以直接插入正文中。

副标题是对标题的补充说明，它的视觉强度不能超过标题，字号与正文不宜相差过大，否则会因对比过大影响版面的统一感。

该跨页版面根据头部倾斜的满版图片方向来放置标题，并且标题使用了大号加粗字体进行表现，非常清楚。正文部分使用较小的字体，结合图片进行分栏排列，阅读起来非常流畅。

如果版面中有多个小标题，应该以大、中、小不同的样式分别设置标题、副标题和小标题，这样才能使版面的层次结构更加清晰、明确。版面中都是大标题，会使版面显得紧张、窘迫；都是小标题，则会显得琐碎小气。

2 正文的排法

版面中正文的排列最常用横排的方式，横排顺应视觉习惯，是读者最习惯和喜爱的排序方式。也有一些版面采用竖排、斜排、弧线排等方式，只要保持清晰易读，这些规律中求变化的排法往往会带来独特的视觉感受。

在该跨页版面中，标题与正文内容都采用竖版排列的方式，与传统风格的图片保持视觉形象的统一，并且版面中大量使用留白，整体给人简洁、大气、富有传统文化气息的感觉。

3 注释说明的形式

注释说明是对正文中专业术语的解释，或是对正文内容的补充说明，在排版过程中我们常把注释说明内容放置在正文栏之外，有天头注、地脚注、旁注等形式，注释说明使用的字体为版面中最小的字体。

该跨页版面运用图片与文本相结合的方式来呈现版面内容，正文内容分为两栏，对重点内容进行了加粗。关于正文内容的补充说明放置到版面右侧的窄条中，与正文内容的结合性较强。

Before

After

调整前的版面比较普通，跨页版面上方采用满版图片，下方通过分栏的方式来介绍相关内容，正文内容清晰、易读。

调整后的版面将下方横版分栏的正文改为通栏的竖排文字，竖排文字的形式与黑白的满版图片相结合，表现效果更加出色，有一种很强的文化氛围。

5.5 文字的特殊处理

文字的特殊处理是指对版面中重要的文字内容进行强调，或以图形化等方式进行突出表现，这样可以使主题更加突出，并且能够增强版面的艺术效果。

5.5.1 文字强调

为了突出版面中的某些重要内容，引起读者的关注，需要对重要的内容进行强调处理。处理的方法有很多，包括首字强调、使用加粗加大的字体、使用线框等图形突出等，使用这些辅助手段都是为了使重要的主题内容更加突出，使读者一目了然。

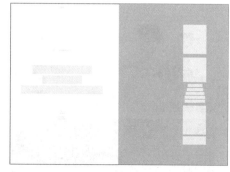

该版面的设计简洁、清晰，左侧版面只在中间位置放置了标题文字，右侧版面使用满版图片作为背景，用上下通栏的白色背景作为正文内容的背景，对正文内容的首字母进行了强调，版面中的文字内容清晰。

1 首字强调

　　首字强调是指对某段文字的首字进行放大、装饰处理。突出的首字有吸引视线、提示正文、活跃版面的作用，是排版中常用的一种强调方式。为了保持首字与下文组合的视觉和谐，首字的下坠幅度应该跨越一个完整字行的高度，首字的大小根据环境和设计创意而定。

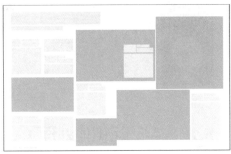

该版面以图片与文字相结合的方式放置了多段文字，并且对每段文字的首字都进行了强调处理，使得段落非常清晰，并且版面中使用了比较随意的排版方式，更具有活力。

2 使用线、框、符号等强调主题文字

　　如果需要把个别文字作为表现重点，可以对它们使用下划线、线框，添加指示性符号，或用加粗、倾斜字体等手段进行强调。线、框的处理可以划分版面空间，让信息鲜明、突出。加粗、倾斜字体等其他方法也可以起到强化信息、引起读者关注的作用。

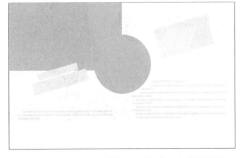

在该版面中，主题文字进行了加粗、加大和倾斜处理，并添加了背景色块，这使主题文字在版面中显得非常突出。

案例分析

Before

在调整前的版面中，文字标题与正文内容的字体大小基本相同，标题只进行了加粗处理，这使得版面中的主题文字不够突出，很平淡、没有重点。

After

调整后的版面对文章标题文字进行加粗、加大处理，使标题文字与正文的对比更加明显，并且为相应的标题添另红色边背景，有效地突出了文章标题，使得版面内容层次清晰、重点突出。

5.5.2 文字的艺术化处理

设计中的文字是字又是图，是信息传递的工具，又是审美对象。在版面设计中设计者可以对版面中的主题文字进行艺术化处理，使其与整个版面的视觉风格相统一，且表现效果更加突出。

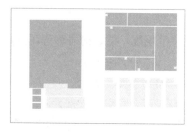

在该版面中，设计者对数字 5 进行了艺术化处理，将文字进行倾斜切割，并添加相应的辅助线条图形，使得该文字表现出与主题相统一的激情、动感和活力。

1 文字的重叠处理

文字的重叠处理是指在版面设计中将文字与文字、文字与图形或图片进行重叠放置，这种设计方式在设计上称为杂音。文字重叠处理的方式可以使读者从貌似杂乱的版面中感受到活泼、跳动及富有感染力等多种独特的魅力，可以使读者领略到版面丰富的视觉层次。

该版面中，文字与文字进行重叠放置，使内容形成一个整体。

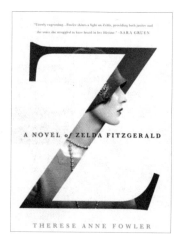

该版面让人物图片与文字重叠，突出了主题。

技巧

重叠处理是现代版式设计中常用的表现手法，由于不同要素的重叠降低了阅读性，容易使版面显得凌乱，使用该方法时需要综合各方面因素，把握好整体关系。

2 文字的图形化处理

　　文字图形化处理是在不影响其原有传递功能的情况下，对字体进行艺术创造，强调文字的美学效应，包括意象字体和形象字体。意象字体使用具体形象直接展示文字内容，使文字个性化，直观生动。

将主题文字排列成香烟的形状，从而表现出禁烟的主题。

对文字进行艺术化处理，将文字处理为毛发的效果，形象地表现版面的主题。

　　形象字体根据文字的内容进行形象化创造，使用具体的形表现抽象的意，使文字得以强化引申。

将文字形象组合成为传统乐器的外形，很好地表现了海报的主题。

将主题文字与版面中的图形巧妙结合，使主题文字成为图形中的一部分，从而使主题得到引申。

技巧

意象字体和形象字体都是将精神理念转化成视觉载体，既有图形的直觉性、丰富性、生动性，又有文字传递信息的准确性、直接性。它增强了文字的鼓动力和趣味感，走出惯用的文字编排形式，将读的符号变为"看"的图形，跨越了地域、文化等不同背景的限制，使交流更为直观、便捷，最大程度发挥了文字传递信息的功能 。

3 英文字体的艺术化处理

　　英文字体能够表现出较强的流线感，常用在标题设计中。除了文字造型的图形化处理，还可以将文字按照一定的轨迹排列，或是将大段的文字以某种图形的外形排列，形成强烈的造型感。

将不同大小、粗细的字体进行组合，在版面中表现出骑自行车的主题。

将文字按照一定的轮廓进行排列，更加突出主题的表达。

案例分析

Before

调整前的版面将广告宣传语顺序排列，通过不同的字体大小、颜色、粗细来表现广告主题，表现非常明确，但在形式上缺少变化，显得比较单调。

After

调整后的版面中，设计者对主题文字进行调整，将重要的主题关键字放大并叠加处理，使得广告主题文字的表现更具有新意和创意，从而更好地吸引读者的注意。

5.6 不同文字的组合编排

如果设计者希望读者像读小说那样认真阅读版面正文，就应该尽量避免文字排列方式每行都有变化。也就是说，不要破坏正文的文字排列方式。在插入需要环绕文字的图片或插图时，至少应该确定最多插入多少字。当然，根据具体情况，图片的边线与文字之间的留白大小会略有不同。版面中不同的文字组合编排方式，也会给读者带来不一样的心理感受。

5.6.1 版面的文字编排技巧

文字是版面设计的基本要素，能够强调重点、平衡画面、增强版面的跃动率。如果一个广告没有任何文字，将很难达到宣传目的。文字在版式设计中有许多编排的方法和技巧，下面将具体进行介绍。

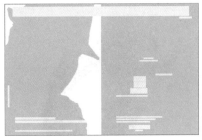

该杂志广告版面中的文字编排比较自由，内容较少，重点使用设计出色的广告图片来突出产品，文字内容仅作为辅助。

1 设计对比效果明显的版面

版面中正文的字体大小和版面中最大的文字（通常是标题）之间的比例，称为文字的跃动率。版面字体大小差异大的设计称为高跃动率的设计，相反则称为低跃动率的设计。跃动率越高，版面的动能越强；跃动率低，则会带来沉着悠闲的氛围。

在该版面中，主题文字采用了较大的手写字体，版面的跃动率较高，给人一种活力和激情感。

在该版面中，文字的字体大小与粗细的差别并不是很大，版面的跃动率较低，给人一种悠闲、舒适的感受。

技巧

虽然近来杂志与广告都流行低跃动率的设计，但是如果希望创建出活泼、对比强烈的版面，高跃动率的版面是非常合适的。

2 留白的编排方法

在版面设计中，运用文字四周的适当留白，可以有效增强版面的空间感和品质感。同时可以对标题或主题文字进行扩大处理，有效强调版面的重点。

留白是版面设计常用的方法。该版面的左侧放置退底处理后的人物图片，右侧中心放置两栏排列的正文内容，充分运用留白表现出版面的空间感和品质感。

3 结合翻页方向来进行版面编排

在跨页的单页里摆放满版图片，在另一页摆放标题与引言，是杂志扉页的正统编排模式。一般来说，如果内文是竖版书右翻的形式，就在右侧页面中摆放标题，左侧页面中摆放重要图片。

该画册将满版图片进行倾斜放置，在右侧页面中运用竖版的形式放置标题和正文内容，表现形式独特、新颖。

如果内文是横版书左翻的形式，则以相反的方式进行搭配。一打开杂志，第一个映入眼帘的会是标题，接着是代表内文内容的图片，这样可以提高读者的阅读欲望，带领读者继续阅读下一页，让标题等文字元素成为介绍内容的引言。

该杂志内页采用了传统的排版方式，右侧页面中放置满版图片，左侧页面中放置了窄条的满版图片，中间部分则放置横排的正文内容，整个版面层次清晰、易读。

4 图片量对文字编排的影响

如果版面中的图片比较多，可以通过少量的文字点缀增加版面的活力，有效地传达各图片包含的信息。

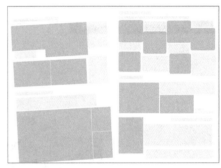

该杂志内页使用了大量的美食图片，小段的说明性文字穿插在图片之间，令版面效果十分丰富，给人一种自由、活泼、有趣的印象。

如果图片较少、文字内容较多，可以将文字进行有规则地排列，形成稳定、有品质的感觉。

该杂志内页只使用了两张图片，版面以文字介绍为主，因此设计者对文字采取比较规范的编排，让文字与页面的右侧对齐，在稳定中有变化，平衡而不呆板。

5 利用不整齐的文字表现出悠闲感

当今的广告及平面设计经常会运用手写字体。一般的字体具有较强的可读性，给人完美而工整的感觉，而手写字体能带给人温暖、简朴的感觉，能展现出休闲、自然的气氛。

不过，如果草率地使用手写字体，可能会降低品质，形成不成熟的版式设计，因此手写字体最好应用在单纯的版面中，作为装饰之一。

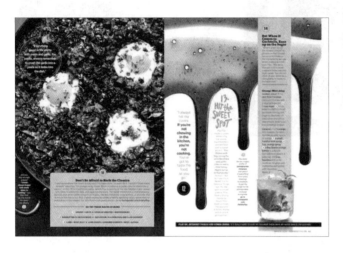

在该美食杂志的版面设计中，文字排版采用了比较随意的方式，文字的对齐方式以及文字的位置都比较自由，而且还加入了手写字体，使得版面非常轻松、自由，给人一种悠闲感。

案例分析（关于跃动率的例子）

Before

调整前的版面中，标题文字与正文的字体大小和粗细相差不大，版面的跃动率不高，给人一种柔和、温馨的感觉。

After

调整后的版面将标题文字的字体放大，并将部分标题隐藏，使得标题与正文的字体相差较大，表现出更强的跃动率，给人一种跃动、富有活力的感觉。

5.6.2 文字与图片的编排规则

版式设计中最常见的组合就是图片与文字的混合编排，图文结合可以增强版面的表现力。因此，掌握图文组合的编排方式是十分重要的。

在该画册的跨页版面设计中，使用多边形色块与图片相互结合、叠加的方式打破了左右页面的分隔，使跨页成为一个整体，而版面中的文字内容则采用了比较规则的分栏排版，使版面达到了平衡，具有非常好的表现效果。

1 同时强调图片与标题

希望同时凸显杂志扉页的图片与标题时，可以在跨页图片上摆放标题文字。由于能够让人产生深刻的印象，因此女性杂志等信息量较大的媒体常用这种手法。

在编排的过程中需要特别注意文字的颜色，如果文字颜色无法与图片的颜色形成强烈的对比，则文字的可读性就会大幅下降，因此文字基本上都会选用白色、黑色或是大红色这类高饱和度的颜色。

在满版的图片中放置大型标题，让标题成为页面中的主角，另外标题使用了与图片对比强烈的白色，整个版面素静、高雅。

技巧

在图片上搭配文字时，除了需要注意文字的颜色外，还需要通过均衡的字体、字号设置，为版面创造不同的比重，将文字配置在能与图片相呼应的位置上。

2 统一图片与文字的边线

同一版面中的文字与图片应该是统一的，所谓统一，并不是所有元素都采用同样的编排形式，那会令版面呆板无趣，应该是在统一中有变化，统一图片的边线是其中一种有效的处理方法。

在该画册版面中，文字与图片都采用了常规的左对齐手法，文字的底部随着图片的倾斜角度而倾斜，版面内容表现有条理，清晰易读。

3 合理编排图片与文字的位置

对图片与文字进行混合编排时，需要注意两者之间的位置关系，避免图片影响到文字的可读性。图片的编排应该在不妨碍视线流动的基础上进行，以免造成版面的混乱，破坏视觉的流畅性。

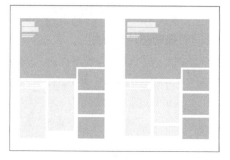

在该画册版面中，图片位于文字段落的上方以及右侧，页面左下角的文字形成了独立的区域。对文字段落首字进行强调处理，使得版面的结构和内容非常清晰。

4 合理设置栏宽度

在图像与文字混排的版式中，图片的编排可能对文本的阅读产生影响，引发跳行、混淆内容等阅读上的困难。因此，在展示图片的同时，需要考虑到图片对文本的影响，可以通过调整图片大小或适度裁剪来保证图文搭配的合理性。

在该画册版面中，文字内容分为两栏，并且在分栏中适当插入了相应的图片，版面的效果丰富、有趣。

5 让文字内容更易读

在版式设计中，除了图片本身的颜色之外，文字的颜色也影响着版面的整体效果。通常情况下，文字使用最多的颜色是黑色，因为黑色属于无彩色，可以与任何有彩色进行和谐地搭配，并且黑色的可视性强，可以使阅读更加流畅。除了黑色，所有的有彩色也都可以作为文字的颜色使用，起到活跃版面、提示重点等作用。与图片搭配时，文字的颜色可以从图片中提取，使图文的联系更加紧密，但不适宜大篇幅使用。

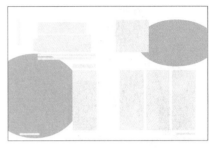

在该画面中，文字标题使用了大号加粗进行表现，并且从图片中提取颜色作为标题的颜色，使得标题的表现效果更加强烈，而正文部分采用常规的白底黑字，突出文字可视性。

技巧

虽说将文字颜色设置为黑色或白色能有效确保可读性，但如果希望标题能够呈现很好的表现力，或是想为版面营造氛围的话，除了明度对比之外，还必须考虑色相间的对比度。用互为补色的颜色配色常常会让版面过于复杂而降低可读性，这点必须要特别注意。

6 使版面正文更加图像化

以标题、引言、人物肖像及内文构成的采访报道版面，通常会因为文字过多而缺乏表现力。为了避免页面变得单调，使用明确的配色是不错的选择。例如，为了避免配色复杂让人感到不舒服，就使用高饱和度的单色。如果图片也以单色的方式呈现，就能够凸显配色设计的存在。如此一来便能摆脱单调的设计，让读者印象深刻。

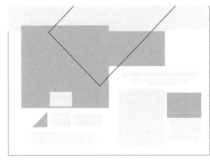

该画册版面中，只有局部少量使用了红色，整体几乎只使用了黑、白、灰这样的无彩色搭配。加入黄色的半透明色块，在版面中形成明显的重点装饰，使得版面不会过于单调。

案例分析

Before

After

调整前的版面使用单色的图片与黑色的文字进行搭配，整洁、清晰，但显得过于单调，缺乏表现力。

调整后的版面大胆配置了高纯度的半透明黄色图形，抑制版面中其他颜色的使用，以凸显黄色的方式营造视觉效果。这样，即使是普通的报道，也能因图像化而变得抢眼。

5.7 本章小结

　　作为版式设计中不可或缺的重要元素之一，文字的编排发挥着极其重要的作用，它是传达版面信息的重要构成元素。本章向读者介绍了不同的字体、字号和编排方式等对版面的影响，以及文字排版需要注意的方法和技巧。完成本章内容的学习，读者需要掌握本章介绍的文字编排和处理方法，能够根据版面的设计风格选择合适的文字编排方式。

第6章

色彩在版式设计中的应用

在版式设计中，色彩的表现力是较为重要的学习课题。内容决定形式，色彩这种形式语言可以直接将要传达的内容传达给读者。在色彩的各个要素中，色相是最具有视觉表现力的。色相的性质与设计要表现的内容之间有着直接的联系。本章向读者介绍色彩在版式设计中的应用方法和技巧。

6.1 色彩基础

色彩一直刺激我们敏感的视觉神经，往往是我们对设计作品的第一印象，所以要想设计出让人印象深刻的广告或其他产品，就必须对色彩有深刻的了解。对于色彩的研究和运用，是艺术设计中的重要部分，也是艺术设计学科中的重要基础课程，人类对色彩理论的研究，经过几百年不断的积累，到现在已经具备丰富的知识和经验。

6.1.1 色彩的三属性

世界上的色彩丰富多彩，有肉眼容易观察的，也有不易观察到的，但只要是色彩就会具备三个基本属性，即色相、明度和纯度。它们在色彩学上称为色彩的三大要素或色彩的三属性。

1 色相

色相是指色彩的相貌，是区分色彩种类的名称，是色彩的最大特征。各种色相是由射入人眼的光线的光谱成分决定的。

在可见光谱中，红、橙、黄、绿、蓝、紫每一种色相都有自己的波长与频率，它们从短到长按顺序排列，就像音乐中的音阶，有序而和谐。光谱中的色相发出色彩的原始光，它们构成了色彩体系中的基本色相。色相可以按照光谱的顺序划分为红、红橙、黄橙、黄、黄绿、绿、绿蓝、蓝绿、蓝、蓝紫、紫、红紫 12 个基本色相。

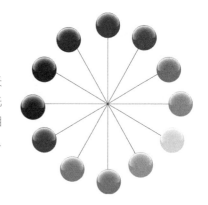

2 明度

所谓的明度就是指色彩的明亮程度。对于光源色来说，也可以称为光度。所有颜色都有不同的光度，亮色明度高，暗色明度低。色彩的明度与它表面色光的反射率有关，物体表面的反射率越大，对视觉的刺激就越大，看上去就越亮，物体的明度就越高。明度的变化最适合用来表现物体的立体感、空间感和厚重感。

明度最高的颜色是白色，明度最低的颜色是黑色。

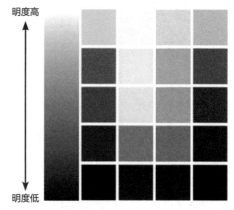

3 纯度

纯度又称为饱和度，即色彩的鲜艳程度，表示色彩中含有色成分的比例。色彩成分的比例越大，则色彩的纯度就越高；含有色彩的成分比例越小，则色彩的纯度越低。从科学的角度看，一种颜色的鲜艳度取决于这一色相发射光的单一程度。不同的色相不仅明度不同，纯度也不相同。

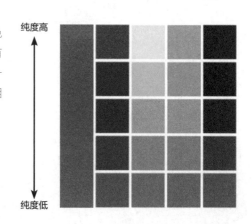

6.1.2 无彩色与有彩色

色彩可以分为无彩色和有彩色两大类。无彩色包括黑、白和灰色，有彩色包括红、黄、蓝等除黑、白和灰色以外的任何色彩。有彩色具备光谱上的某种或某些色相，统称为彩调。相反，无彩色就是没有任何彩调。

1 无彩色系在设计中的表现

无彩色系是指黑色和白色，以及由黑白两色相混合而成的各种灰色系列，其中黑色和白色是单纯的色彩，而灰色却有着各种深浅的不同。无彩色系的颜色只有一种基本属性，那就是明度。

无彩色系的色彩虽然没有彩色系那样光彩夺目，却有着彩色系无法代替的重要作用，在设计中，它们使画面更加丰富多彩。

该版面使用无彩色系搭配，在浅灰色背景上设置黑色的文字和黑白人物，整个版面给人以冷静、高贵和知性的印象。

2 有彩色系在设计中的表现

将无彩色系排除，剩下的就是有彩色系，有彩色系包括基本色、基本色之间的混合色以及基本色与无彩色之间的不同量的混合等。

有彩色系中各种颜色的性质，都是由光的波长和振幅决定的，它们分别控制色相和色调，有彩色系具有色相、明度和纯度三个属性。

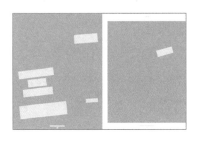

有彩色系的视觉效果丰富，该杂志版面通过对比色彩的搭配，产生较强的视觉冲击力，给人留下深刻印象。

色调是指以一种主色和其他颜色组合、搭配形成的画面色彩关系，即色彩总的倾向性，是多样与统一的具体体现。

一般画面上面积最大的色相从视觉上成为主要色调。

色调具有共性，有的是以明度的一致性组成明调或暗调，有的是以纯度的一致性组成鲜艳色调或含灰色调。

6.1.3 色彩赋予版面的情感与联想

色彩带来各种各样的心理效果和情感效果，会引起人各种各样的感受和遐想。虽然上述感受由个人的视觉感、个人审美、个人经验、生活环境、性格等决定，但一些常见的色彩的视觉效果还是比较一致的，比如看见绿色，人们会联想到树叶、草坪的形象，看见蓝色的时候，会联想到海洋、水的形象。不管是看见某种色彩还是听见某种色彩名称，人们心里会自动产生感受，不管是开心、悲伤还是别的回忆，这就是对色彩的心理反应。

1 红色

红色在中国的传统文化中是一种喜庆、吉利的颜色，很多中国设计元素中都运用到红色。同时红色也是广大人民喜爱的颜色，具有最佳的视觉效果，可以用来传达活力、热情、温暖等含义，另外，在工业安全色中，它也常用作警告、危险、禁止等标志用色。

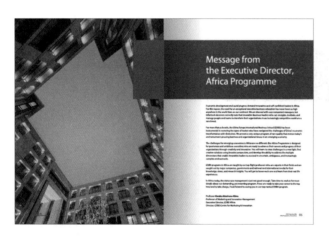

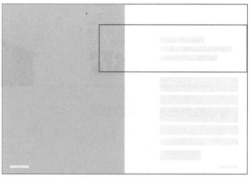

在该版面中，标题文字搭配红色的背景色，有效突出了标题，并且给人热情、富有激情的视觉印象。

2 橙色

橙色就像是丰收的秋季，让人感觉富足和欢乐，它是暖色系中最温暖的色彩，可以应用到很多领域。

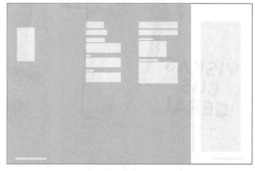

该版面使用明度较高的浅黄橙色作为版面的背景颜色，与版面中的图片色调统一，整个版面给人一种温暖、美好的感受。

3 黄色

　　黄色是最光亮的色彩，在有彩色的纯色中明度最高，给人以光明、轻快、活跃的感觉。纯净的黄色象征着智慧之光，又象征着财富和权力，是值得骄傲的色彩。高明度的黄色在工业上作为警告危险和提醒注意的色彩是再合适不过的。

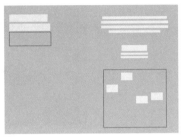

黄色与深色进行搭配时，黄色显得非常明亮，在该版面中局部搭配黄色的背景和图形，版面效果更加活跃、轻快。

4 绿色

　　纯净的绿色纯度不高，刺激性不是很大，在人生理和心理上的作用极为温和，给人以安逸、可靠、安全的感觉，还可以使人精神放松、不易疲劳。绿色非常适合用在蔬菜等食品包装上，给人新鲜、舒适的感觉。

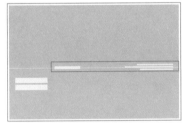

该版面的整体色调为绿色，在背景图片上为文字内容搭配绿色的背景色块，整个版面的色调统一，表现出自然、舒适的感觉。

5 蓝色

　　蓝色是色相中最冷的颜色，让我们联想到大海和天空，是永恒的象征，使人心胸开阔、情绪稳定，纯净的蓝色总是给人一种美丽、透明、理智、冷酷、忧郁的感觉，可以作为标准色用在科技、企业形象、高科技电子产品等领域上。

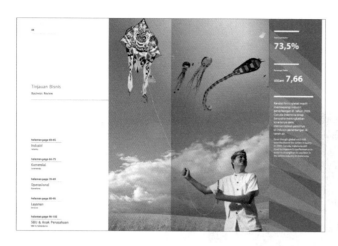

该版面的整体色调为蓝色，在跨页的中间位置搭配蓝天白云的自然图片，右侧使用蓝色作为文字内容的背景颜色，整个版面让人感觉清新、自然、开阔。

6 紫色

紫色是波长最短的可见光波，权威人士认为，紫色是非知觉的色彩，让人印象深刻，有时给人以压迫感，同时给人以神秘、优雅的感觉，它似乎是色相环上最消极的色彩。

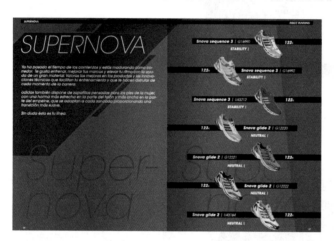

该杂志跨页版面使用蓝紫色作为主色调，搭配白色的文字，文字内容清晰易读，整个版面让人感觉简洁、清晰、优雅。

7 黑、白、灰

黑、白、灰在心理上与有彩色具有同样的价值。黑和白象征着世界的阴极和阳极，就像太极图案中的黑白循环，它们象征着宇宙的永恒运动。

灰色是介于黑白之间的中间色，具有黑白二色的优点，更具有高雅、稳重的风韵，灰色作为中间色在设计中可以很好地与有彩色相搭配，展现不同的风格魅力。

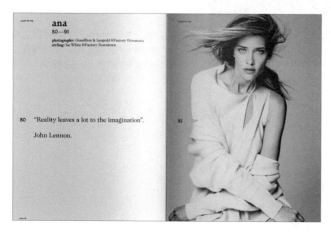

该杂志跨页版面使用无彩色的黑、白、灰进行搭配，虽然没有色彩的图片总是给人沉静的印象，但实际上却隐含着彩色图片所没有的表现力。

6.2 色彩与视觉的可识别性

要想使设计作品具有较高的可识别性，通过优秀的色彩搭配给人留下深刻的第一印象是非常有效的方法。版面设计中的色彩与图形、字符紧密相关，合理的图文配色是版面设计成功的要素之一。

6.2.1 色彩与图形的关系

在版面设计过程中运用适当的、不同的色彩来表现版面中的图形，可以使图形的效果更加丰富，形式美感更强。图形的色彩也是图形语言的一个重要组成部分，色彩是直接影响图形设计成败的要素之一，色彩运用得巧妙得体，就能够充分体现图形的丰富多彩和装饰魅力。

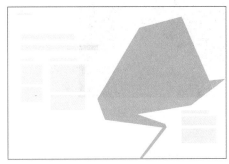

该杂志跨页版面中，主要的图形是不规则的赛车图形，左侧版面运用深蓝色的背景色，与右侧版面中的红色赛车形成鲜明对比，使图片的表现力更强。

技巧

版面设计中，图形色彩的搭配强调归纳性、统一性和夸张性，尤其需要注意图形整体色调的设定，需要很好体现版面的整体视觉风格。

1 尖锐与平和

不同色彩给人的感觉不同，一般来说，色彩强烈则对比强烈，给人刺激、夺目的感觉；反之色彩协调而对比较弱，给人一种平和感。

该杂志封面使用高饱和度的背景和人物图片，搭配同样高饱和度的标题文字，整体表现效果夺目、强烈。

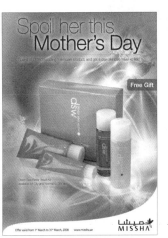

该广告版面的主体色调为蓝紫色，主题文字使用了同系色的蓝紫色，整体表现平和、统一。

② 前进与后退

一般而言，暖色比冷色更具前进、扩张的特性。但色彩的前进和后退感不能一概而论，要根据整个画面的色彩而定，例如红色在橙色的背景上就远不如在绿色的背景上更有前进、扩张的感受。

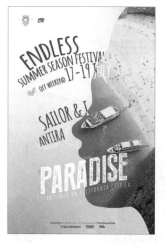

该海报版面使用明度较低的深蓝色作为背景，搭配穿着红色礼服的人物插画，版面具有很强的扩张感和前进感。

该海报版面在浊色调的背景中搭配冷色调蓝色，使版面表现出宁静、空旷的感觉，倾斜和弧状的文字显得悠闲、舒适。

③ 活泼与沉寂

火热的红色和明亮的黄色调配形成的橙色给人活泼、愉悦的感觉；而青色、青紫色、青绿色则给人安静、踏实、沉稳的感受，这就是色彩给人的不同感受。

该海报版面使用暖色系的红色、橙色等进行搭配，给人一种活泼、有激情的感觉，这样的配色特别适合表现美食。

该海报版面使用明度较低的深蓝色和蓝紫色作为主色调，给人宁静、悠远、富有格调的感受。

④ 微弱与强烈

画面中色彩纯度的不同，带给人的色彩感觉也会不同。暖色纯度越高越具有温暖感，冷色纯度越高越具有凉爽感，整个画面的纯度都很低的话，那么画面就给人一种微弱的感觉，反之则给人强烈的感觉。

该画册版面使用纯度较低的图片进行搭配，整体给人感觉纯净、素雅，图片中的戒指保持了原有的纯度，使其在图片中非常突出，具有很好的表现效果。

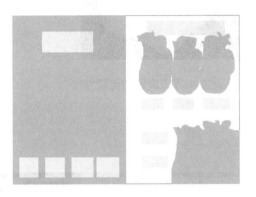

该画册版面使用纯度较高的蓝色调作为版面的背景颜色，搭配同样高纯度的丰富的饮品图片，整个版面给人活跃、凉爽、富有激情和欢乐的感觉。

技巧

版面的稠密与稀疏感和色彩也有关系，一般来说稀疏的物体色彩显得偏冷，而稠密的物体色彩显得偏暖。

案例分析

Before

调整前的版面，左侧使用明度较低的蓝色作为背景色调，蓝色属于冷色调，使整个版面的效果偏冷，有一种后退感。

After

调整后的版面将左侧的背景色调修改为深咖啡色，咖啡色属于暖色调，使人感觉温暖、舒适，非常适合表现家居用品，给人一种平和、舒适的感受。

6.2.2 色彩与字符的关系

色彩对字符最明显的影响就是字符的可读性。白底黑字是最常用的搭配，黑白两种颜色的巨大差异保证了字符极高的辨识度。如果字符的色彩对阅读造成了负面影响，那么再美的色彩也是不可取的。

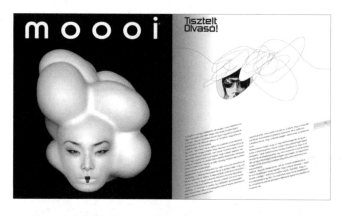

无论在什么情况下，都需要保证版面中文字内容的可读性，该画册在黑色背景上使用白色文字，白色的背景上使用黑色文字，文字内容都具有很好的可读性。

1 让文字具有良好的可读性

在版面设计中，字符和色彩语言是相互依存的。由于色彩语言通常都带有文化、政治等意味，因此字符和色彩的运用同样受到一定的限制，不同种类的设计中，使用的字体颜色和字符也会不同，比如，商品宣传广告和手册都会运用鲜亮的色彩和文字进行表现，达到引人注目的效果。

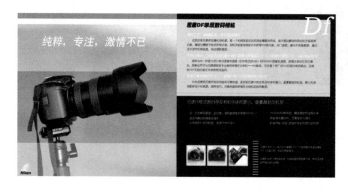

在该画册版面中，为了区别不同的内容，正文内容应用了不同的背景颜色，在黄色背景上搭配黑色的文字，在黑色背景上搭配白色的文字，文字都具有良好的可读性。

2 鲜艳的文字色彩更能刺激视觉

色彩的视认性是指色彩的清晰程度，通常色彩视认性的高低要在相同的条件下进行对比，视认性的高低与背景色和主体的色相差、明度、纯度有着密切的关系，一般来说，鲜艳的彩色字符远比黑白色的字符更能刺激人的视觉神经。暖色的明度和纯度越高，视认性也就越高，相反冷色的明度和纯度越低，视认性就越低。

该广告版面主体为灰暗的无彩色，将主题文字设置为高饱和度的洋红色，在版面中非常突出。

在纯白色的背景上搭配高饱和度的红色文字，给人视觉上的刺激，红色与黑色文字的搭配，很好地区分了主题。

鲜艳的色彩可以提升广告的醒目性,因为人的视觉神经对色彩最为敏感。现代平面设计可以自由寻找适合现代社会的色彩。色彩的表现力有助于设计者创造出个性化的设计作品,因此,色彩在平面设计中有着特殊的重要地位。

案例分析

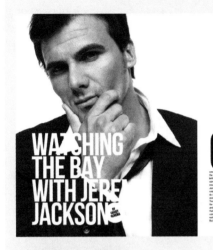

Before

调整前的杂志跨页使用无彩色系进行搭配。版面中的标题文字使用白色的大号字体,放置在人物图片上方,虽然字体较大,但可读性并不是特别好。

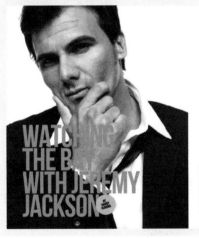

After

调整后,版面中的人物图片依然保持无彩色的风格,标题文字和要强调的文字设置为饱和度较高的蓝色,版面中的圆形小标签设置为黄色,标签与标签文字产生对比,版面中的文字更加清晰,并且视觉效果更加强烈。

6.2.3 利用色彩属性进行版式设计

版式设计中需要使用到不同的色彩属性,色彩的色相、明度和纯度的表现之间存在着一些规律和差别。例如以展示色相为主的内容,需要着重展现每一种色相的特点,常与较为分散的版面相搭配;而以表现明度差异为主的内容,可以通过重复、叠加等编排方式来体现不同明度之间的对比效果;如果是以纯度差异为主的内容,可以选择同一种色相,通过叠加等编排方式来展现出不同纯度之间细腻丰富的层次变化。需要注意的是,通常情况下设计作品都通过不止一种属性来表现,综合三种色彩属性的设计能够使版面的效果更加优秀。

该广告版面通过不同的色相来展示不同的产品，很好地将不同的产品组合在一起。

该广告版面以蓝色为主色调，通过明度和纯度的变化，使色彩表现简洁、清爽，具有很强的整体感。

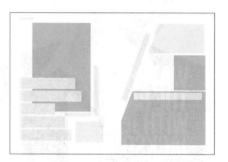

该杂志跨页版面以紫色作为主色调，利用紫色的纯度和明度的差异，使整个版面在统一中富有层次感和变化感，通过对内容进行不规则排列，增强了版面的动感。

1 色彩与版面率的关系

版面率主要是由版面中的留白量决定的，留白越多版面率越低，留白越少版面率越高。除此之外，色彩对版面率也有影响，例如在相同的版面中，白色的底色和红色的底色相比，白底的版面率要小于红底的版面率。因此，在版面元素比较少显得空旷时，可以用色彩的变化来调整版面率，从而使版面达到更加饱和的效果。

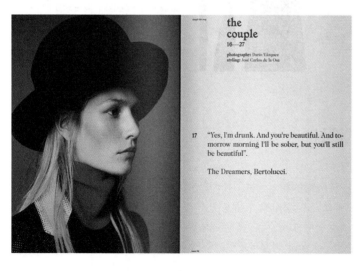

该杂志跨页版面以浅灰色作为背景主色调，左侧页面使用满版图片，右侧页面则使用大量留白和少量文字，版面率较低，给人一种空旷、简洁、大气的印象。

该杂志跨页版面的版面率较高，文字与图形的叠加，色块等元素的处理，使得版面内容看起来非常丰满。

2 色彩与印刷

电脑的图形处理技术提高了综合处理色彩和图形表现的能力，丰富了色彩设计的创作思路和创意表现力。所有的色彩设计最终都要借助媒体来表现，研究色彩与媒体的关系对色彩设计是非常重要的。有时候在电脑屏幕上看起来很好的颜色，印刷出来之后却完全不是想要的效果，会出现色彩的偏差。因此，设计师需要具备一定的印前知识，并且要与印刷服务供应商进行必要的沟通，尽量减少印后的色差与失真问题。

除了色差，印刷时也常常需要考虑成本的问题。除了最常用的四色印刷之外，合理地使用双色或单色印刷能够减少印刷成本，并且呈现出特有的视觉效果。

该杂志跨页运用了无彩色设置，黑白的图片与简洁的文字内容降低了印刷成本。同时，黑白的设计也带来一种时尚、个性化的视觉风格。

案例分析

Before

调整前的版面使用浅灰色作为背景色，在版面中放置图片和正文介绍内容，色调比较单一，不能很好地展示版面中的内容，无法有效吸引读者。

After

调整后的版面背景色修改为橙色渐变色，与版面中的部分元素的颜色色相呼应。通过对版面留白的修改，使整个版面的整体性更强，空旷感也减弱了。

6.2.4 色彩的意义

无论何种设计，其首要任务都是吸引人视觉的注意力，而色彩在这方面有显著的效果。色彩的运用对版式设计的效果有着重要的影响。

该杂志封面以满版图片作为背景，并且将图片处理为单色图片，使版面中的黄色 Logo 非常醒目，整体给人一种舒适的感受，有效地突出了版面中的重点内容。

1 根据地域文化选择色彩

不同的民族、国家和地域，对各种颜色符号的理解是不一样的。例如，中西方对黑色的态度相似，而对白色的态度则大相径庭；黄色在中国封建社会里是法定的尊色，象征着皇权、辉煌和崇高等，而在西方却常有忧郁、病态、令人讨厌、胆小等含义；红色是血与火的颜色，在中国人心目中代表喜庆、成功、吉利、忠诚和兴旺发达等，而在西方，红色常表示残酷、狂热、灾祸、烦琐、血腥等意思。

该版面设计主要用大红色与灰色进行搭配，红色是中国文化中最为重要的一个颜色，整个版面给人大气磅礴、传统、富有文化底蕴的感觉。

该版面中主要使用了紫色，紫色在东西方都被认为是高雅、华贵的象征。

该版面设计以黑色为主，黑色能给人很强的高级感，黑色与白色的搭配，对比十分强烈。

2 与品牌形象保持统一的配色

合理地运用色彩，能够有效地刺激消费者的视觉，让色彩在人们的头脑中形成一种强势的语言。如果一个企业长期以一种积极的色彩面向消费者，它在消费者心中树立的形象也将是积极、有活力、热情向上的，甚至还能带给人们一种积极思考、生活的态度。

这两个版面都是知名的可口可乐公司的产品宣传广告，都使用其品牌形象固有的红色作为版面的主色调，给人统一的视觉印象。

技巧

一个品牌要在同质化严重的市场中脱颖而出，只有走差异化道路才能实现，这就需要企业用独特的语言、独特的表现方式、独特的风格来表现产品，从而形成企业特有的产品色彩品牌形象。

案例分析

Before

休闲、度假需要给人带来一种自然、舒适的感受。调整前的版面采用暖色调的文字颜色，整体让人感觉温馨、舒适，但无法表现出自然和悠闲的氛围。

After

调整后的版面中，文字内容修改为蓝色，与右侧图片中的蓝天相呼应，给人一种自然、悠闲、舒适的感受。

6.3 版式设计中色彩与主题的关系

色彩的搭配有时会影响设计的成败，再好的编排也要通过色彩的搭配才能最终完成，因此色彩对版式设计起着极其重要的作用。

6.3.1 利用色彩表现设计主题

在版面设计中，色彩的搭配与设计的主题息息相关，良好的色彩搭配可以使读者一眼就能感受到设计师想要表现的主题和感觉。

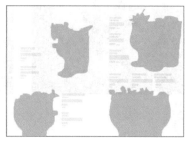

该版面主要想突出表现各种夏日饮品给人带来的清凉、畅快的感受，所以在版式设计中使用了浅蓝色的背景色，再用绿色进行点缀，让人感觉清爽、自然，很有夏天的感觉。

1 错误的色彩不能传达版面主题

展现设计主题的元素除了主要的图形和文字之外，色彩也是重要的一环。在图文都符合主题的情况下，如果色彩搭配出现了错误，就无法正确传达版面的信息。

Before

After

该杂志的内页版面设计以食物为主题，但低纯度的浊色调给人陈旧、淡雅的感觉，完全没有体现出食物应有的新鲜诱人的色泽，无法令读者感受到食物的美味。

将版面的色调调整为鲜艳明亮的色调，食物的新鲜程度和美味的感觉立刻展现了出来，整个版面令人感受到美食带来的满足感和愉悦感。

Before

After

该杂志的内页主要介绍住宿环境，然而左侧页面中使用了冷色调的蓝色作为背景主色调，无法让人感受到温馨和舒适的氛围。

从右侧的满版图片中提取一种颜色作为左侧页面的背景主色调，使得整个版面的色调统一，表现为暖色调的效果，给人一种温暖、舒适的感觉。

2 色彩与主题的搭配

版面设计中的色彩应该与设计的主题相配合，以烘托版面想要营造的氛围，强化设计师要传达的信息，令读者产生心理上的共鸣，从而达到成功宣传的目的。

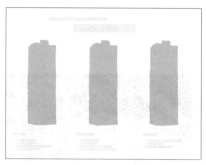

该版面为不同的产品搭配了不同的背景色调，很好地与产品相结合，明确表现出不同产品的特征。

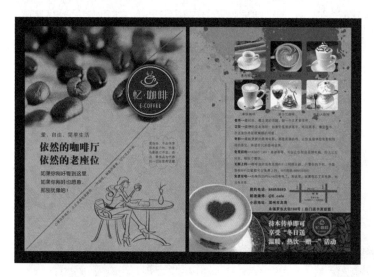

该咖啡厅宣传广告以咖啡色为主色调，配合与咖啡相关的图片素材，体现出咖啡的香浓，以及咖啡给人带来的浓浓暖意，深化了主题。

6.3.2 色彩在不同版面中的应用

在不同的版式设计中，色彩的应用会有一些差异。例如由于传播媒介的不同，即使是同类产品也可能会在色彩的配置上使用不同的表现手法。

该宣传画册以绿色作为版面的主色调，强调了产品自然、健康的理念。

① 根据传播媒介选择色彩搭配

　　不同的传播媒介之间存在着版面结构的差异，同时也存在着色彩使用的差异。例如常规的书籍，内容以文字为主，因此版面中的色彩不可以太过花哨，否则会影响正常的阅读；而时尚杂志内容丰富，信息量大，需要较为丰富的色彩来进行配合，否则会过于单调、乏味。

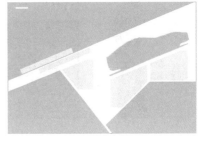

杂志版式设计的色彩搭配，要使同一主题的内容保持在一种色彩倾向中，以区分不同的文章，使每个主题都具有独立性。

该宣传单以红色作为主色调，DM 宣传单的色彩运用关键在于，主要的色彩会在每个页面中都出现，从而保持整体的统一感。

该海报版面笼罩在暗色之中，红色处在画面的中心以及右上角和左下角，能够形成呼应。

海报版面的用色通常比较具有整体感，该海报版面以图片作为背景，在正上方放置海报主题，在主题文字中放置红色的 Logo 图形，具有很好的表现力。

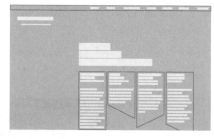

网页的色彩分布通常有较为明确的分区，从而保证人们阅读时能够快速地区分不同栏目的内容。

2 色彩在版面中具有导向性

色彩除了丰富版面、传达主题等作用之外，还具备引导视觉流程的作用。通过对色彩的位置、方向、形态等特征的安排，使色彩具备指引的作用，也会使版面的视觉流程更加清晰流畅。这样一来，重点的内容就更容易引起读者注意。

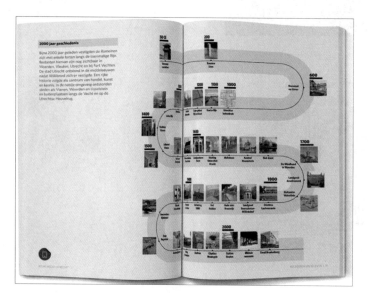

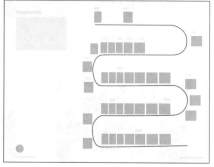

该杂志内页使用突出的黄色来引导读者的视线，将相关内容排列在黄色的曲线上，从而有序引导读者进行阅读。

6.4 色彩与消费的关系

合理使用色彩可以达到良好的宣传作用，也能树立良好的品牌形象。产品的合理配色可以与消费者产生情感互动，从而带动消费行为。

6.4.1 消费群体决定版面配色

消费者的年龄、性别、职业、文化程度、经济状况等因素，都会影响其消费行为。而色彩是产品给消费者的第一印象，因此色彩的选择很大程度上取决于产品针对的消费群体，根据消费群体进行色彩设计，可以使产品更容易抓住消费者的心理，并促进购买。

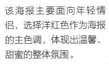

该海报主要面向年轻情侣，选择洋红色作为海报的主色调，体现出温馨、甜蜜的整体氛围。

该海报主要面向追求健康的人士，以墨绿色作为海报的主色调，表现出健康、低调和高贵的特点。

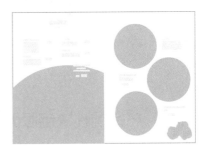

美食类的版面设计通常不针对特定的群体，在设计上尽量展现食物本身的诱人色彩和形态，运用自由、随意的排版方式，有效地吸引读者的关注。

案例分析

Before

这是一个与儿童相关的画册版面设计，它以蓝色作为版面的主色调，搭配白色和灰色的图形与文字，整个版面的色彩效果统一，但无法表现出儿童活泼、天真的性格。

After

调整后的版面保留了蓝色的背景主色调，将版面中搭配的图形修改为饱和度较高的洋红色、黄色和绿色，使得色彩效果明亮、鲜艳，充分表现出儿童纯真、活泼的特质。

6.4.2 产品属性决定版面配色

作为吸引消费者视线的第一视觉元素，产品的配色可以起到展现品牌形象和产品质量的双重作用，成为有效的促销手段。用与众不同的配色来引起消费者的购买欲望是良好的促销办法。然而不同的产品有其各自的特点，如果一味追求视觉冲击而忽略掉产品自身的特征，会造成配色与产品属性完全不符的结果，引起消费者的误解甚至反感，进而对产品的销售形成负面的影响。因此，把握目标产品的属性特征是配色的关键。

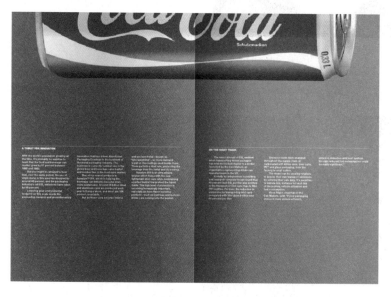

该画册版面设计使用了该产品一贯的配色，用红橙色的渐变背景表现出热情、奔放的感觉。版面中的内容较少，清晰、简单的排版使读者对内容一目了然。

1 导入期的色彩搭配

新的产品上市，还未被一般的消费者所认知，为了加强宣传，增加消费者的记忆度，需要以单色的色彩作为设计主色，以明确产品的要点，达到产品的宣传效果。

该产品宣传海报以灰色作为主色调，突出表现产品的高品质和科技质感。

该产品宣传海报以绿色作为版面主色调，表现出产品纯天然、健康的特点。

2 发展期的色彩搭配

在发展期这个阶段，消费者已经对产品有了一定的认识，产品开始在市场上有一定的市场占有率，为了与同性质的竞争者有所区分，产品的色彩必须和对手有所差异，这时就必须以比较鲜明、鲜艳的色彩作为设计的重点。

该产品宣传海报以纯度较低的橙色作为版面的主色调，给人一种温暖、舒适的感受。

该产品宣传海报以个性化的紫色到洋红色的渐变作为背景主色调，突破以往食品广告的配色习惯，能够给人留下深刻印象。

3 成熟期的色彩搭配

当产品进入成熟期后，消费者已经非常熟悉该产品，稳定和维持顾客对商品的信赖就变得更为重要，所以设计中使用的色彩，必须让消费者感到安心，与产品概念相符合。

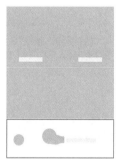

使用该产品一贯的配色进行搭配，黄色与绿色的对比，强化了产品的品牌形象。

该海报同样使用产品一贯的配色进行搭配，从而加深用户对该品牌的印象。

◢ 衰退期的色彩搭配

产品到了衰退期,销售量会逐渐下降,消费者对产品不再有新鲜感,随着其他产品的更新,更流行的商品出现,消费者会慢慢开始转向,这时维持消费者对产品的新鲜感是最大的重点,因此,设计师采用的颜色必须是具有新意义的独特色彩或流行色,进行整体的更新才能使产品的销售量提高。

该产品宣传画册为了吸引用户的关注,用强对比的蓝色与红色搭配,使产品表现出强烈的视觉效果,从而有效吸引读者的好奇和关注。

案例分析

Before

调整前的版面使用统一的绿色进行搭配,整个版面给人感觉自然、清爽,但是缺乏亮点,无法引起读者的注意,吸引力不强。

After

调整后的版面使用墨绿色与朱红色搭配,在版面中形成柔和的对比效果,使人眼前一亮,重新唤起人们对产品的兴趣。

6.5 运用色彩对比表现版面空间感

很多版面设计都会用到对比的色彩,这样更容易吸引人们的注意,色彩的对比可以使色彩更加显著、耀眼。色彩是表现版面空间感的重要元素,色彩与色彩之间的属性差别和色调差别,形成了版面丰富的层次感以及空间感,令版面更具有表现力。

6.5.1 什么是色彩对比

　　所谓对比，指的是多个设计要素之间具有某些落差的状态，并不单指色彩，在版面的设计和文字的结合上，同样可以使用对比的方法进行设计。色彩上的对比，是指色彩与色彩进行组合所产生的落差的大小。

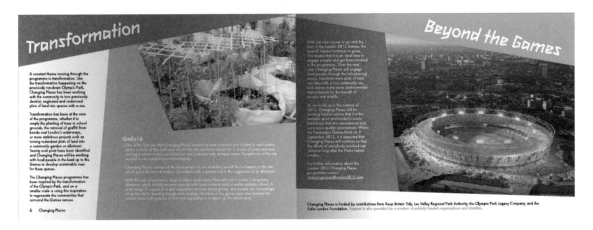

该宣传画册使用对比的背景颜色对版面区域进行不规则划分，使各部分内容非常清晰，并且对比的配色也能起到活跃版面的作用。

　　在使用对比时，有许多方法可用，只要在色彩的某个要素上添加落差，就可以产生明度的对比、纯度的对比、色相的对比等不同的对比方式，本小节将详细讲解色彩的不同对比方式的应用。

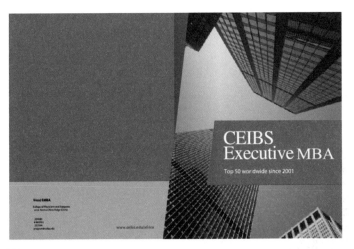

该宣传画册将满版图片处理为不规则的形状，打破版面的常规。该图片的主色调为蓝色，而标题文字搭配红色背景色，与图片形成对比，并且与左侧页面的背景颜色相呼应。

技巧

　　对比可以由色彩本身的要素形成，也可以由色彩的使用方式形成。在色彩的使用面积上造成落差，或者是在色彩与色彩的交界上使用其他颜色，效果也非常好。

6.5.2 色相对比的配色

所谓色相对比，是指将不同色相的色彩组合在一起，用其产生的对比效果来创造强烈对比的手法。以色相环上距离最远的颜色来组合，距离越远，对比效果越强烈。在色相环上处于相对位置的色彩组合是最强烈的对比色彩组合，也就是补色关系的组合。补色关系的配色对比最为强烈，在设计中显得华丽而具有视觉冲击力。

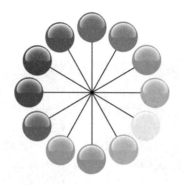

这里还需要注意，如果使用高纯度的补色相组合，会出现光晕现象，就是色彩与色彩的边界看起来像出现了其他的色彩，所以务必降低某一色彩的纯度或者是配色双方的纯度，以避免发生光晕现象。

该网页版面使用纯度和饱和度都较高的黄色、绿色和红色进行搭配，形成鲜明的色彩对比，并且页面中还点缀了其他一些饱和度很高的色彩，给人激情、热闹的感觉。

技巧

不同色相的色彩进行搭配时，依照组合搭配方式的不同，色彩的感觉也会发生变化。如果与高明度的色彩组合，原有色彩的明度看起来会比实际低；相反，与低明度的颜色组合，原有色彩的明度看起来会比实际高。

案例分析

Before

调整前的版面使用蓝色调作为主色调，整个版面色调统一，给人一种宁静、悠远的感觉，视觉效果比较平和。

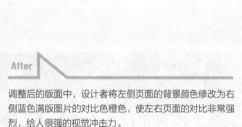

调整后的版面中，设计者将左侧页面的背景颜色修改为右侧蓝色满版图片的对比色橙色，使左右页面的对比非常强烈，给人很强的视觉冲击力。

6.5.3 明度对比的配色

使用色彩来强调设计时，最重要的方法就是对比。在色彩的对比之中，效果最好的是让明度产生落差形成的明度对比。拉大色相明度差异形成对比，可以算是设计中不可或缺的重要准则。

该杂志版面用明度最高的白色与明度最低的黑色进行搭配，形成强烈的对比效果。版面中没有使用任何图片，以数字形式来组织版面内容，视觉效果非常独特。

1 落差大的明度对比视觉效果最强烈

在明度落差大的色彩组合中，以黄色和黑色搭配的组合最为抢眼，它们不仅明度差异极大，还是一组容易进入人们眼帘的配色。所以在引起注意的标志上应用比较广泛，公路上随处可见，大多数的交通提醒标志都是黄色与黑色的组合。

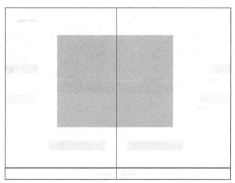

该网页使用明度低的深灰色与明度很高的黄色左右平分版面，使版面的明度对比达到最大，给人带来非常强烈的视觉效果，令人印象深刻。

2 通过明度对比表现版面内容的易读性

在设计"视认性"或者"可读性"时，也需要用到明度的对比。所谓视认性，是指眼睛辨识作品要素形状的程度，可读性是指文字便于读取的程度。明度落差小的色彩组合视认性和可读性都会降低。无论设计者如何费尽心思地拟定文案，如果难以读取内容，一切都变得没有意义。

为了很好地表现设计主题，文字和商标的显眼和突出尤为重要，为了让人们能清楚地读取，需要拉大它们与背景的明度差异。

该杂志画册内页使用满版图片作为背景，在明度较暗的部分搭配白色的文字，在明度较亮的部分搭配黑色的文字，通过明度对比的方式使得版面内容非常清晰、自然。

3 使用同类色表现版面空间感

同类色是指在同一色相中呈现出的不同颜色，其主要的色相都比较接近，例如，红色类中有深红、紫红、玫瑰红、大红、粉红、朱红等。同类色的色相差距较小，可以利用色彩明度的差别，用低明度色彩表现远景，高明度色彩表现近景，形成远近空间感；也可以利用色彩的前进和后退感，用高纯度的色彩表现近景，用低纯度色彩表现远景，以营造版面的空间层次感。

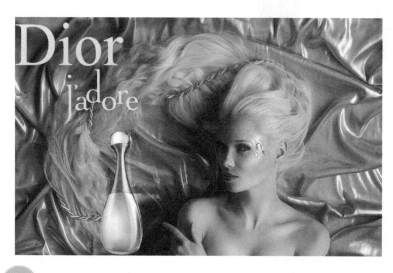

该杂志广告版面使用金黄色为主同类色进行配色，利用金黄色、浅黄色等黄色之间的色相和明度差异来体现版面的空间感和细腻的层次感，突出表现产品的高贵。

技巧

在不同色调的画面添加文字时需要注意，当画面的明度极高或极低时，只要用反向的文字色彩即可，但是如果画面色调为中间色调，无论在上面添加何种颜色的文字，可读性都会降低。

Before

该手机宣传海报中的主题文字色彩明度较低，与灰色的海报背景接近，它们之间的差距较小，使该海报的主题表现不够显眼、突出。

After

调整后版面提高主题文字部分的色彩明度和纯度，使主题内容与海报的背景产生鲜明的对比，视觉效果强烈，主题突出。

6.5.4　纯度对比的配色

　　人们的目光容易被纯度高的色彩所吸引，纯度差异比较大的配色组合可以为设计增添戏剧性。如果想要观看者注意力集中至某处，那么使用高纯度的色彩便可以达到目的，纯度高的色彩有刺激人类感情的效果，尤其红色系更是如此。

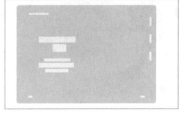

该网页版面以红色作为页面的主色调，通过红色纯度的变化来构成整个页面，充分表现出女性化的美好氛围 。

1 版面局部使用高纯度色彩

　　不过，过度使用高纯度颜色，整个画面只会给人刺眼、繁杂的印象，要想很好地运用高纯度色彩，发挥其鲜艳的特性，就必须先压低其他颜色的纯度。纯度对比的重点是，高纯度色彩的使用只限于重点色彩，这样可以使部分纯度高的色彩更加明显。

该广告版面使用大面积暗色调作为版面的背景色，在中间位置使用高纯度的色彩表现产品，使广告的中间位置更加鲜艳，通过纯度的对比更加突出产品和广告主题。

2 让高纯度色彩偏离中心，表现出版面的动感

在版面设计过程中，高纯度色彩的使用位置也很重要。将表现的重点放置在接近版面中央的地方是传统常用的手法，不过，如果想要设计作品展现出动感，可以特意让重点偏离中心点。

该产品宣传画册使用产品图片作为该版面的跨页满版图片，在版面右下角的位置使用纯度较高的洋红色突出表现文字内容，高纯度的色彩放置在偏离中心的位置，为版面增添更多的灵动感。

3 低纯度与高纯度对比表现版面的戏剧性

高纯度的色彩可以很好地强调主题，令人印象深刻，而纯度低的色彩会让人产生怀旧感或是平和的情感，与刺激性的高纯度色彩组合在一起时，会让设计作品具有近乎戏剧演出的效果，适合电影广告或者小说封面等力求戏剧化效果的作品。但这样的配色也会带来一些刻意人为的印象。因此，如果希望设计作品中带有自然、平稳的感觉，就不宜使用这种配色组合。

该海报版面使用低纯度的灰色图片作为背景,在版面左下角位置搭配高纯度的蓝色,表现主题文字内容,版面的视觉效果强烈。

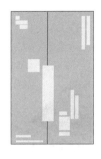

该海报版面用低纯度的灰色背景与高纯度的橙色背景进行对比,使版面具有很强的视觉冲击力,并且具有很强的艺术性。

技巧

在版面设计中运用对比色相的方法来表现空间感,可以使用更加灵活的处理方法。利用对比色相之间的冷暖、明度、面积、形态等方面的差异,形成前进、后退、重叠等视觉效果,可使版面具有丰富的层次感和空间感。同时,色相之间差异效果的对比,要比同类色等较为类似的色彩搭配更具变化感,版面效果更加生动。

案例分析

Before

After

调整前,该产品宣传画册运用矩形的图片和色块进行搭配。为了表现出温馨、居家的感觉,图片的色调都比较平和。右上角搭配了纯度较高的橙色背景,使得该部分特别抢眼,与版面整体的色调风格不统一。

调整后,设计者将版面右上角正文部分的背景色块修改为纯度较低的咖啡色,使其不是那么抢眼,而且能够很好地与版面的图片相结合,表现出温馨、舒适的氛围。

6.5.5 冷暖对比的配色

不同的色彩带给人的视觉和心理感受是不同的,这里所说的冷暖,主要是人们对色光的一种心理联想,是由人的心理感受造成的,属于色彩心理作用的范畴。由色彩感觉的冷暖差别形成的色彩对比,称为冷暖对比。

该杂志版面中满版图片的红橙色与右侧的蓝色背景形成强烈的冷暖对比，互为补色的冷暖色调对比在版面中形成一定的版面空间感，并且给人很强的视觉冲击力。

1 不同色彩的冷暖感受

红色、橙色、黄色这些能使人感觉温暖的色相一般称为暖色；而像蓝色、蓝绿色、蓝紫色这些使人感觉寒冷的色相被称为冷色；绿色与紫色等介于这两类颜色之间，所以被称为中性色。另外，色彩的冷暖对比还受明度与纯度的影响，例如白色的反射率高而感觉冷，黑色吸收率高而感觉暖。这就是色彩的神奇所在，不仅给人视觉的享受，同样会给人心理上带来一些感受。

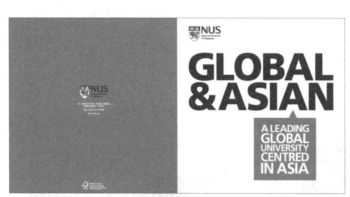

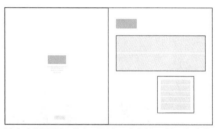

该杂志版面属于蓝色系配色，左侧页面使用橙色作为背景颜色，右侧页面在白色背景的基础上搭配蓝色的标题文字和橙色背景的副标题，多处对比突出了版面中的内容和主题。

2 通过冷暖对比突出版面的视觉效果

在色彩冷暖对比中，我们可以发现，最暖的色相是橙色，即色相环中的暖极色，与此相对，最冷的色相是蓝色，即色相环中的冷极色。主要色相由暖到冷可以划分为六个冷暖区：橙色为暖极，属于最暖的颜色，红色、黄色是暖色，红紫色、黄绿色是中性微暖色，紫色、绿色是中性微冷色，蓝紫色、蓝绿色是冷色，蓝色为冷极，属于最冷的颜色。其中橙色和蓝色的对比是冷暖的最强对比。红、橙、黄系列的暖色调令人感觉亲近，具有前进感和扩张感；而蓝、蓝绿、蓝紫系列的冷色调令人感觉冷静和疏远，具有后退感和收缩感。将冷暖色同时放置在一起进行对比，色相的冷暖感觉更加鲜明，冷的更冷，暖的更暖。

该杂志版面同样属于冷暖对比强烈的版面设计，左侧页面使用蓝色作为背景色，右侧页面中的局部内容使用橙色作为背景色，形成冷暖、面积之间的对比，使版面的表现效果明显，具有较好的空间感。

> **技巧**
>
> 单纯的冷色系或暖色系色彩搭配，能够给读者非常明确的冷暖心理感受。这不仅使版面的主题更加明显，也可以表现出版面的空间感，主要是利用暖色或冷色之间的色相、明度、纯度等方面的特点，通过并置、叠加等编排方式来实现。

案例分析

Before

调整前的左右页面使用统一的蓝色调作为背景色，使得整体色调统一。在版面中搭配浅黄色的文字和表格，背景与内容的对比效果偏弱，视觉效果不够强烈，无法给读者带来强烈的视觉刺激。

After

调整后的版面将右侧页面的背景修改为与左侧页面互补的橙色，使左侧页面与右侧页面形成强烈的冷暖对比，以此来体现版面的空间感，并且使版面的视觉效果更加强烈和刺激。

6.6 用色彩突出版面对比效果

　　缺乏对比的版面设计容易给人单调、乏味的印象，适当的对比可以活跃版面。利用色彩搭配表现版面的对比效果是一种重要的设计方式。

6.6.1 突出版面重要信息

　　运用色彩的对比可以对版面中的重要信息进行突出显示，令读者能够快速准确地将目光定位在重点内容上，达到有效传达信息的作用。我们主要利用色彩与色彩之间的色相、明度、纯度和色调的差异性来表现，这是色彩设计中十分常见的表现手法。

6
色彩在版式设计中的应用

195

该版面的背景是无彩色的灰度图片，为版面中的信息内容搭配彩色的背景块，为整个版面增添了活力，突出了信息内容的显示。

整个版面的背景都属于低纯度的浊色调，将版面的标题设置为饱和度较高的黄色和红色，不但十分突出，而且整体给人时尚的感觉。

1 在图片中使用白色或黑色的文字最清楚

想要在跨页的满版图片上摆放文字，最基本的规律是使用黑色或白色的文字最清楚。黑色与白色的文字拥有最高的可读性，并且最不会破坏图片氛围。在图片明度高的部分使用黑色文字，在明度低的部分使用白色文字，即使图片本身有些色相与明度上的差异，这两种文字颜色都广泛适用。另外，对于表现力强的图片，这样的文字颜色能让图片整体呈现沉着的质感。

在该画册跨页版面中使用满版图片作为背景，营造环境氛围，在图片上的浅色区域搭配黑色的文字，在深色区域搭配白色的文字，图片上的文字清晰易读。需要注意的是，如果图片色彩比较复杂，最好为正文内容搭配半透明背景色。

2 从图片中提取文字颜色

如果想要将图片的效果发挥到最大，就尽量别让文字拥有太复杂的颜色。由于图片本身包含了无数种颜色，如果草率地设置文字颜色，往往会产生不协调的效果。那么，如何设置文字的颜色，才能不影响图片的表现呢？

最简单有效的方法就是从图片中选取文字的颜色，原则上要从图片的色彩中挑选较深的颜色来使用，这样能让文字与图片产生统一性，也能编排出色彩均衡的版面。

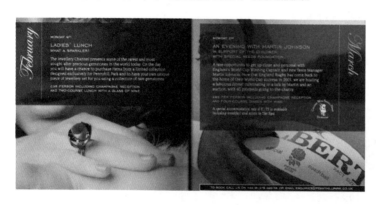

在该跨页版面中，左右页面分别使用了满版背景图片，在图片上添加文字内容，并为文字内容添加了半透明背景色，使文字内容清晰、易读。标题文字的颜色从背景图中提取，使版面的表现效果和谐。

当版面中有大量图片，以至于很难从中吸取颜色时，可以根据图片整体的色调以及色相来选择文字的颜色。例如，图片为偏向过度曝光的白色色调，而拍摄主体为树木花草等鲜明的素材时，文字可以选择使用色调鲜明的颜色；而图片整体为具有厚重感的暗色调，拍摄主体也是暗色系的时候，文字可以设置为浅灰色。

3 选择与图片对比的色调

　　如果希望版面吸引读者目光，可以使用与图片整体色调相反的颜色作为文字颜色，来诠释强弱不一与跳跃的印象。如果是在单张满版图片里设置文字，这样配色可以表达强有力的诉求；如果是使用好几张较小图片的版面，则文字可以在散乱的版面里成为设计重点。想要凸显文字或是强化印象的时候，这种设置文字颜色的方法非常好用。

该杂志版面将标题文字设置为与背景图片形成对比的洋红色和橙色，这两种颜色正好与模特衣服的色彩相呼应，使得版面的视觉效果非常时尚、活跃。

案例分析

Before

该跨页版面使用深蓝色的城市夜景图片作为满版背景，在图片上方运用白色的文字，文字内容清晰、易读，但版面中的所有文字都是白色，显得有些单调。

After

调整后的版面将标题文字修改为与背景图片互为补色的橙色，使标题文字内容与背景的蓝色图片形成鲜明的对比，文字内容依然非常清晰，并且通过应用对比色调，有效地活跃了版面效果。

6.6.2 突出版面主体

为了突出版面中的主体元素，我们常常将其放置在版面的重心位置，并放大其面积，或在主体元素周围大面积留白来达到目的。除了上述的这些方法，利用版面色彩之间的对比来突出主体也是一种经常使用的有效方法。主要通过不同色彩之间的色相、明度、纯度和色调差异来表现。

该网页版面中的主体是位于视觉中心的产品，背景使用了明度和饱和度都很低的浊色调，而产品则采用饱和度较高的鲜艳色调，并且占据大面积区域，因此产品在整个版面中十分突出。

1 使用色块划分版面区域

用不同的底色色块可以将版面划分成多个区域。虽然可以使用框线框出区域，但直接使用色块看起来会显得比较清爽，能够简单明了地划分出对象的群组。

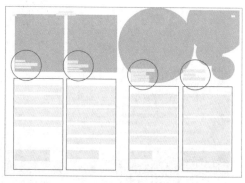

在该画册版面中，每个页面分为两栏，每栏的正文内容分别使用了不同的背景颜色进行区分，版面中内容的划分非常清晰，并且不同的背景颜色也为版面增添了活力。

2 使用相反色相清楚划分版面

在同时介绍两个主题的跨页中，可以利用不同主题的关键色来设置标题的文字颜色与底色，然后以这两种色彩为设置主轴，完成简明易懂的版面。可以选择两个相反的色相，从而创造出对比性，凸显主题内容的差异。另外，如果将版面设置成对称的版式，能更进一步强调主题之间的对比。

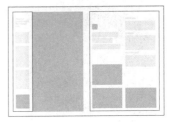

在该画册跨页版面中，左侧页面与右侧页面使用了对比的背景颜色，使得两个页面的划分非常清晰，这种方式特别适合用于左右页面主题不同的情况。

3 使用高明度暖色系提高可读性

杂志版面经常使用高明度的暖色系作为版面的背景色。如果使用黑色的正文内容，根据高明度差的原则，可以选择浅黄色、灰棕色或浮白色这类颜色作为版面的背景色，从而提高版面内容的可读性。虽然也可以选择冷色系的浅色调作为版面的背景色，但是暖色系的淡色调对视力比较好，也能够让版面显得更明亮一些。

在该美食杂志跨页版面的设计中，明度较高的粉红色作为版面的背景色，与图片的局部色彩相呼应，整个版面给人一种明亮、温馨的感受。

Before

After

调整前的版面左侧的广告图片色调过于灰暗，没有突出需要表现的产品，右侧页面采用常规的双栏排版，内容简洁、整齐，但是让人感觉缺乏重点。

调整后的版面中，设计者对左侧页面的广告进行调整，将产品部分提亮，使产品从灰暗的背景中凸显出来，使该广告的主体更加突出。右侧版面中正文内容的标题部分添加了黄色的背景，活跃了版面的氛围。

6.6.3 增加版面节奏

版面设计中设计者通常会以一种色调作为主色调，但如果所有的元素都只使用一种色调来表现，就很容易给人沉闷、单一、平淡的感觉。因此，除了主色调之外，往往还会使用一种次要的辅助色调，从而形成色彩对比，使得版面整体富有变化、节奏感和生动感，同时还能起到突出主体的作用。

在该版面中，接近黑色的深蓝色是版面的背景色，为了避免版面的沉重，设计者将重点内容处理为鲜艳明亮的黄色，与背景形成强烈对比，突出标题内容，并且使版面具有较强的视觉冲击力。

1 使用不同的背景色分割版面

用多种底色进行不规则的镶嵌排列，做满版背景，这样能够有效地分割版面中的内容区域。而运用鲜艳的底色，能在文字内容较多的版面中表现出强有力的刺激感。只要灵活运用底色，便可以明确划分版面。

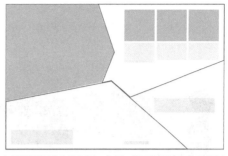

在该画册版面中使用同一色相，以不同明度和纯度的划分版面区域，并且采用了不规则的划分方式，使得版面的表现形式非常新颖，内容区域明确，给读者一种活跃、富有激情的感觉。

如果版面中的内容比较紧凑，将高对比度的颜色结合在一起，可以使内容之间的界限更加明显。

2 使用不规则底色形状

在只拥有标题、内文和图片这类元素的简洁跨页中，如果只有白色背景，会显得有些单调，但为整版设置同一种底色又会显得过于厚重，这时可以从图片中提取 2~3 种颜色作为不规则底色。像这样将底色设计为拥有强烈视觉效果的图片，能完成颇具新意的版式设置。

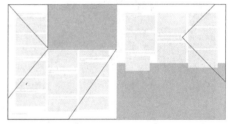

在简洁的纯白色背景中添加一些不规则的背景色块，能够有效地活跃版面，使得版面的视觉效果更加强烈。

3 有彩色与无彩色对比突出视觉效果

通过与有彩色图片的对比，无彩色的图片或颜色那种独特的沉静感会被强调出来，同时还能凸显彩色图片的鲜艳，使整体设计表现出某种紧绷的视觉张力。有彩色和无彩色对比的手法常常使用在杂志等媒体的版面中。

在该杂志版面中，左侧纯黑色背景颜色与右侧的彩色满版图片形成强烈的视觉对比，使得版面的视觉中心更加突出。将左侧版面中的文字排列成汽车的形状，与右侧图片中的汽车相结合，具有很强的视觉表现力。

案例分析

Before

调整前的版面整体色调为暗黑色调,在版面中搭配白色的文字内容,清晰易读,色调统一,但没有突出的亮点,使得版面过于平淡。

After

调整后,版面中加入一些饱和度较高的橙色和红色,与汽车车身上的颜色相呼应,并且加入的颜色也能与背景形成鲜明的对比,使得版面更富节奏感,视觉效果更加突出。

6.7 本章小结

　　色彩为版面的构图增添了许多魅力,它既能美化版面,又具有实用的功能,更能够进行丰富的变化。同时,有色彩的文字比单调的文字更让人印象深刻且便于记忆。本章向读者介绍了色彩在版式设计中的应用方法和技巧,完成本章内容的学习,读者需要理解色彩在版式设计中的作用,并能够在版式设计过程中灵活运用色彩搭配。

第 7 章

海报招贴的版式设计

海报招贴是现代广告中使用最频繁、最广泛、最便利、最快捷和最经济的传播手段之一。现代的海报招贴不但具有传播的实用价值，还具有极高的艺术欣赏性和收藏性。本章向读者介绍海报招贴版式设计的要点。

7.1 了解海报招贴版式设计

海报招贴用于公共场所，版面大、表现力强、印刷精美、远视效果好、张贴时间长，以强力冲击的信息传递方式吸引匆匆过客，能在瞬间给人留下深刻的印象。其传播力、影响力非凡，有反复提醒的作用，是传统广告的重要形式之一。

7.1.1 海报招贴的类型

海报招贴是一种张贴于公共场所，如剧院、商业区、车站、公园、码头等处的广告，根据其宣传目的及性质，可以分为公共海报和商业海报两大类型，公共海报又包括公益海报、文化海报和艺术海报。

1 公益海报

公益海报不以营利为目的，属社会公共事业的一种形式。公益海报的主要宣传内容是公众关注的社会、道德、政策等问题，例如环保、禁烟、防火、关爱老人、希望工程、交通安全、打击盗版等。

2 文化海报

文化海报以文化娱乐活动为宣传主题，如音乐会、运动会、戏剧、展览会等。

3 艺术海报

　　艺术海报是指无商业价值、无功利性，只为美化环境、赏心悦目而设计的海报，通常综合绘画、摄影、图形、色彩、材料、肌理等各种艺术手段进行表现。

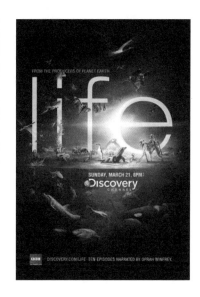

4 商业海报

　　商业海报是用来传达商业信息，以商品或企业为主题内容的促销宣传广告。许多世界知名品牌都会定期推出大量的商业海报，从而促进消费。

7.1.2 海报招贴设计的特点

　　创意是海报招贴的生命和灵魂，海报招贴设计的核心是使主题突出并具有深刻的内涵。现代海报招贴最主要的特征之一，就是在瞬间吸引关注并引起受众心理上的共鸣，将信息迅速准确地传达给受众，这也是海报招贴作品获得成功的最关键因素。

想要设计出优秀的海报招贴，需要注意使其具备以下几个特点。

1 尺寸大

海报通常张贴在公共场所，必须以大画面及突出的形象和色彩展现在人们面前，从而避免受到周围环境和各种其他因素的干扰。

海报的标准尺寸可以分为 130mm x 180 mm、190mm x 250mm、300mm x 420mm、380mm x 540mm、420mm x 570mm、500mm x 700mm、600mm x 900mm、700mm x 1000mm。

技巧

海报招贴最常用的尺寸是 380mm x 540mm、420mm x 570mm、500mm x 700mm。由于海报多数是用制版印刷的方式制成，在公共场所和商店内外张贴，所以设计时应注意尽量使分辨率达到 300dpi，从而保证印刷的质量。

2 远视强

海报可以说具有广告的典型特征，因此要充分体现定位设计的原理。可以通过突出的商标、标志、标题、图形或对比强烈的色彩、大面积的空白以及简练的视觉流程使海报招贴成为视觉焦点，这样可以给来去匆忙的人们留下视觉印象。

3 艺术性高

海报可以分为商业海报和非商业海报两大类。

商业海报多以独具艺术表现力的摄影、造型写实的绘画或漫画为主要表现形式，画面真实感人，富有幽默情趣。

而非商业海报内容广泛、形式多样、艺术表现力丰富，尤其是文化艺术类海报。设计师会根据海报主题充分发挥想象力，尽情施展艺术手段，在设计中加入自己的绘画语言，设计出风格各异、形式多样的海报。

技巧

设计海报招贴时，首先要确定主题，再进行构图。海报招贴的设计不仅要注意文字和图片的灵活运用，更要注重色彩的搭配，海报的构图不仅要吸引人，而且还要传达很多信息，从而促进消费，达到宣传的目的。

7.1.3 海报招贴的版式构成

招贴广告内容及创意的准确体现，有赖于设计师对文字、图形、色彩、空间、构图等一系列问题的完美组织和构成。海报招贴版式设计除了要善于运用造型要素、形式原理、视觉流程之外，还需要有自己的特点。

首先，海报招贴版面的构成元素要紧扣创意与内容。任何图形、文字、色彩都应该而且必须有意义。简洁明了的设计是最便于记忆的，试图讲述太多或过于简单，都会使人不知所云，失去观赏兴趣。

该手表促销海报的设计非常简洁，纯白色的背景上只放置了产品图片，在图片旁边通过较大的数字来表明产品的折扣信息，版面底部放置产品的品牌 Logo，简洁的版面给人带来清晰的视觉印象，海报主题明确。

该茶饮品宣传海报在设计中通过强对比的背景处理，给人很强的视觉刺激，并能够有效突出版面中心的产品。使用茶叶图形组成主题文字，与该产品的性质相统一，整个海报视觉效果突出、鲜明。

海报招贴中的图形有写实的,更多则是概括、夸张、富有寓意、经过艺术处理的。它们在编排中的自由度较高,充满版面、局部点缀、倾斜、倒置、连续组合等均可,可以通过各种形式置于版面中的任何位置。图形设计要能够充分表达内容创意,并与文字、标志等其他要素和谐平衡,从而使版面取得生动、震撼的艺术效果。

该体育运动杂志宣传海报版面构成比较简洁,主体图形为一本翻开的杂志,夸张的处理方式让杂志中的人物冲出版面,体现出运动带来的动感和激情。

该牛奶宣传海报以径向渐变的蓝色作为背景主色调,突出表现牛奶的造型,将牛奶喷溅出的液体处理成舞蹈人物,并点缀各种水果,使海报主体富有动感,给受众留下深刻印象。

文字是海报招贴设计中的重要因素,它兼具交流与审美的功能。现代海报设计中,许多设计师用心于文字的改进、创造、运用,他们依靠有感染力的字体及文字编排方式,创造出一个又一个的视觉惊喜,在这些海报招贴中,我们看到文字的大小穿插、正反倒转、上下错位、字体混用、虚实变化等,丰富多变的编排格式构筑了多层次多角度的视觉空间,营造出活泼、严肃、明亮、幽暗、安静、运动等不同的氛围。文字的功能已由"描述信息"提升为"表现",显现出前所未有的灵气,成为表达创意的有效手段。

该舞会活动宣传海报通过舞蹈人物来表明海报的主题。对舞蹈人物图片进行的虚幻处理,表现出梦幻、情迷的视觉效果。版面中的主题文字放置在人物上方,添加相应的处理,使主题文字与人物图片的表现相呼应。

该首饰产品宣传海报使用人物作为背景,突出表现爱情的美好。海报中的主题文字采用细线字体,并对字体进行相应的变形处理,使得主题文字的表现更加柔美,搭配飘摇的花瓣,使整个海报显得更加温暖、甜蜜。

色彩有先声夺人的功能,是使海报招贴达到宣传目的重要因素。海报招贴版面的配色要切合主题、简洁明快、新颖有力,对比度、感知度的把握是个关键,相近的色彩搭配,感知度较弱,在远处或某些光线下,会显得朦胧模糊,影响辨认。

技巧

注意,如果海报招贴中有过多较小的字体、冗长的标题,会妨碍受众对信息的获取速度,在设计过程中应该谨慎使用。

该美容产品宣传海报以蓝天白云作为背景，清新的浅蓝色主色调搭配白色的主题文字，给人一种清新、自然、舒适的感受，契合产品的纯天然特质。

该戒烟公益海报使用明度和纯度都较低的灰色作为主色调，整个画面给人一种灰暗、不舒服的感觉，版面中的主题文字使用红色，在版面中非常突出，起到了警示作用。

技巧

设计要有灵巧的构思，使作品能够传神，这样作品才具有生命力。设计者通过必要的艺术构思，运用恰当的夸张、幽默的手法，揭示产品的优点，表现出为消费者利益着想的意图，可以拉近与消费者的距离，获得广告受众的信任。

优秀的海报招贴设计鲜活有力，能够迅速抓住受众，四平八稳的版面是不具备如此魅力的，因此现代海报招贴设计常采用自由版式。自由版式是对排版秩序结构的肢解，没有传统版式的严谨对称，没有栏的条块分割，没有标准化，在对"点""线""面"等元素的组织中强调个性发挥，追求版面多元化。

但自由版式也绝不是漫无目的的涂鸦，它没有背离视觉元素的合理安排，是通过对形状、大小、空间、色彩等对比关系的把握，有效地强化了需要受众接受的信息。自由版式以其丰富的个性化面貌成为目前世界设计领域的重要潮流。

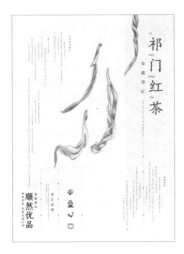

该红茶海报采用黑白设计风格，没有使用产品图片，只有手绘的黑白茶叶图形，版面中的文字采用竖版排列方式，有很强的艺术感。该海报版面设计清新、淡雅，富有传统文化气息。

该食品宣传海报使用模糊处理的食品图片搭配版面中心清晰的食品图片，形成虚实对比，有效地突出版面中心的产品图片。在版面上方使用大号字体突出表现主题，整个海报的设计简约清晰、主题突出。

7.2 海报招贴的版式创意方法

海报招贴要想在几秒钟内牢牢吸引住受众，设计师不仅要让内容准确到位，更要有独特的版面创意，创意是智慧的火花，是海报的灵魂，能改变产品或企业的命运，能够令受众津津乐道、过目不忘。

海报招贴的版面创意形式可以根据视觉表现特点大致归纳为直接、会意、象征三种基本方法，它们相互综合、融会贯通，可以创造出千变万化的版面效果。

7.2.1 直接法

直接表现广告信息，把产品最典型、最本质的形象或特征清晰、鲜明、准确地展示出来。采用这种创意方法的海报能够给人真实、可信、亲切的感受，受众容易理解和接受。

该饮料宣传海报将饮料产品放置在剖开的水果中直接展示，既展示了产品本身又体现了该产品为天然成分，非常直观。

该旅行箱宣传海报使用浅蓝色的天空作为背景搭配紫色的旅行箱产品，形成柔和的对比，在旅行箱周围搭配地标建筑等图片，表现产品的用途，整个海报版面给人清新、舒适的感受。

7.2.2 会意法

在版面设计中不直白呈现广告信息，而是表现由其引发、与其相关、等同类似甚至相反的联想和体验。这种创意方法能够让受众发挥想象，通过思考来完成对广告的理解和记忆，含蓄动人。

该沐浴露海报中并没有任何主题介绍文字内容，它通过合成场景的方式，将人物直接放置在水果树下享受沐浴，从而表明该产品的成分是纯天然的，给人一种沐浴在大自然中的美好感受。

在该牛奶宣传海报中，产品图片较小，放置在版面的右下角位置，并不显眼，而版面中的主体图形是处理成奶牛形状的新鲜草莓，象征着该牛奶的新鲜，并且表明是草莓口味，海报的设计非常形象。

7.2.3 象征法

将广告信息蕴含的特定含义通过另一种事物、角度、观点进行引申，产生新的意义，使广告主题更加强烈，给人留下深刻印象。

该电子产品海报画面构成单纯、想象生动，通过人物手持该产品坐在椅子上飞驰的合成场景，表现该电子产品给能够为用户带来快速流畅的体验，突出表现了该产品的核心特点。

该环境保护公益海报设计中，图片的合成处理富有创意，将绿色的森林处理为人体器官的形状，其中一部分已经被砍伐。如果人体器官被损坏，人还能健康吗？海报立意鲜明，引人深思。

7.3 红酒宣传海报的版式设计

　　红酒宣传海报通常需要体现出该红酒的高端品质，以较暗的色彩作为版面的主色调，通常能够给人一种高品质的感觉。在设计过程中还需要设计师充分发挥创意，在版式与图形的处理上表现出独到之外，这样海报才能给人留下深刻印象。

1 项目背景与文案

项目名称	红酒宣传海报	
目标定位	向消费者推荐该全新品牌进口红酒，树立该品牌红酒在消费者心目中的品牌形象，使消费者对该品牌红酒产生印象	
项目资料	投放载体：宣传招贴 投放时间：长期使用	版面尺寸：310mm×500mm 广告形式：宣传招贴的张贴
版面主题	"岁月逝，情永恒"，体现出该品牌红酒的高端品质，为消费者留下深刻的品牌印象	

2 素材分析

　　红酒的宣传海报设计重点在于突出表现该品牌红酒，除了使用必要的产品图片外，还可以通过背景纹理使海报更加具有质感，为了配合主题与产品的表现，将产品与花瓣素材相结合，突出表现海报的主题。

纹理背景素材

产品图片

花瓣素材

3 案例设计

　　（01）该红酒宣传海报使用产品图片作为版面的重点表现元素，向消费者进行直观展示。

　　（02）该海报版面使用黑色作为主色调，用聚光灯的形式让读者的视线集中在产品上，并且为背景添加纹理素材，表现出海报的质感，体现出产品的高档品质。

　　（03）该红酒海报的设计风格需要突出表现产品的高档品质，将产品图片进行倾斜处理，结合花瓣素材，表现出产品的优雅、高贵，给人留下深刻印象。

案例分析

设计初稿

修改后的效果

在该红酒宣传海报设计中，版面中间位置放置大幅产品图片，使消费者一眼就能看出海报要表现的产品。使用类似聚光灯的形式突出产品，在版面下方放置海报的相关介绍文字，效果清晰、简洁，产品的表现也很突出，但是设计过于平淡，没有突出的特点，无法让消费者一眼就留下深刻印象。

修改后的海报重点对产品图片进行处理，将产品图片与很多造型各异的花瓣素材相结合，红色的花瓣在版面中非常亮眼，有效地改善了该海报的视觉表现效果。但是产品依然采用了常规的放置方法，有些过于死板。

最终效果

在海报版面的最终设计中，版面中的主体图形被倾斜处理，版面的表现更加自由、富有情调。主题文字部分点缀相应的花瓣素材，与产品部分形成呼应，版面效果更加精致、时尚、富有情调，给人留下深刻的印象。

7.4 电子产品促销海报的版式设计

产品促销海报的设计需要重点突出产品和促销信息，在海报版面中这两个元素必须是读者一眼就能够看到的。本案例中的电子产品促销海报，将产品图片放置在版面的中心位置，促销信息文字则使用红色的大号字体进行表现，非常直观。

1 项目背景与文案

项目名称	电子产品促销海报
目标定位	向电子产品消费者传递全新的产品信息，重点突出产品的优惠促销价格，通过精美的产品外观与优惠的价格来打动消费者
项目资料	投放载体：促销海报　　　　版面尺寸：216mm×291mm 投放时间：短期使用　　　　广告形式：发放给消费者
版面主题	"春色飞扬，2014派睿春季促销行动"，通过亮丽的产品色彩来体现"春色飞扬"的主题，突出价格信息使消费者过目不忘

2 素材分析

该电子产品促销海报重点需要突现两个信息，一个是产品本身，另一个就是促销价格。为了配合该促销海报的主题"春色飞扬"，可以在海报设计中使用一些体现春天特点的素材。

产品图片

辅助素材

213

3 案例设计

（01）产品促销海报必须重点突出产品以及产品的促销价格，版面中的其他元素都是为这两个主题元素服务的。

（02）在该电子产品促销海报中，为了突出表现该产品的绚丽色调，使用浅灰色作为该背景主色调，能够有效地突出产品外观的效果。还可以为主题文字与促销价格文字设置特殊的色彩，从而突出主题与价格信息。

（03）该电子产品宣传海报使用简约的设计风格，在版面中对产品图片进行倾斜处理并添加镜面投影效果，表现出版面的空间感，简洁的文字内容使海报信息一目了然。

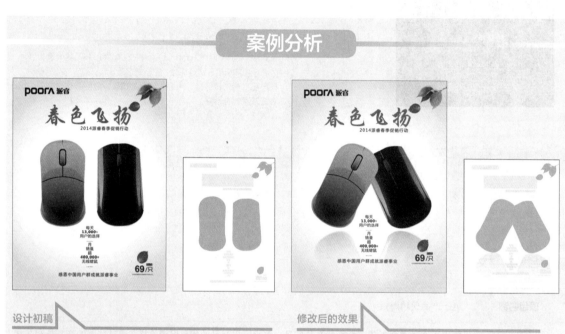

设计初稿

该电子产品促销海报采用常规的排版方式对版面进行排版布局，在版面上方使用大号字体来突出表现海报的促销主题，在版面中间位置放置产品图片，而促销价格放置在版面的右下角位置，使用红色突出价格，价格信息文字大小与其他正文字体大小相差不大，突出效果不明显，并且版面的布局没有特点，体现不出活跃的促销氛围。

修改后的效果

修改后的海报将产品图片倾斜处理、相互叠加，使产品的表现更加自由、随意，为产品图片制作镜面投影效果，增强了版面的空间感，使产品的表现效果更加出色。

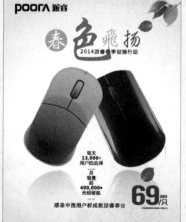

最终效果

最终的促销海报对主题文字形式进行修改，用不同的色彩与字体大小来表现主题文字，使海报主题文字更加突出，给人一种青春、活跃的感觉。将促销价格文字放大，使其在版面更加突出。整个促销海报给人一种简约、清晰、活泼动人的感觉。

7.5 房地产节日活动海报的版式设计

节日活动海报需要突出表现节日的特点与氛围，并将节日与要宣传的主题相结合，从而更好地突现产品或主题。本案例设计的是房地产节日活动海报，结合父亲节的特点，海报设计中表现出浓浓的父子之情，使读者能够受到海报的感染。

1 项目背景与文案

项目名称	房地产节日活动海报	
目标定位	向消费者直观传递活动信息，从而吸引感兴趣的消费者来访，了解详细的活动及促销情况	
项目资料	投放载体：活动海报 投放时间：短期使用	版面尺寸：1200mm×600mm 广告形式：户外大型广告牌
版面主题	"爱在鹭港里"，结合节日特点，将地产项目名称与节日情怀相结合来打动消费者	

2 素材分析

该房地产节日活动海报将人物剪影与草地剪影相结合，表现出广阔的场景与父子之亲，切合父亲节主题。又添加了其他一些辅助素材，根据实际的文字内容以及版面需要选择合适的设计元素进行设计。

星空图片

人物剪影

草地剪影

辅助素材

3 案例设计

（01）节日活动海报需要突出表现节日的氛围与情感，从而感染和打动消费者，促成消费。

（02）该房地产节日活动海报使用蓝色作为版面的主色调，蓝色可以给人一种悠远、理性、坚毅的印象，与父亲节的主题相吻合。版面的色调纯度较低，给人一种舒适、自然、不刺激的感受。

（03）该房地产节日活动海报的构图非常简洁，通过背景素材的处理营造出父亲节的氛围，在版面中心位置使用大号字体来表现主题，并且对主题文字进行了变形处理，添加描边和投影等效果，使主题文字更加直观、突出，读者一眼就能明白海报要表达的内容。

7 海报招贴的版式设计

215

设计初稿

该节日活动海报使用渐变色作为版面背景，搭配剪影素材图像，表现出一种开阔、舒适的场景，在版面中心位置使用大号字体表现主题文字，并且为主题文字应用渐变颜色和投影效果，版面色调统一，但主题文字在版面中的显示效果不是很清晰，不能很好地突出主题文字。

修改后的效果

修改后的版面为背景添加星空素材并进行处理，使海报的整体氛围更加温馨、舒适。为海报的主题文字添加描边和投影效果，海报主题的表现也更加清晰和突出，但主题文字过于简单，缺少变化，难以给人留下深刻的印象。

最终效果

最终的版面设计重点对海报的主题文字进行处理，将主题文字进行变形处理，并对描边和投影效果进行调整，使得主题文字更加具有艺术感，也使得海报的视觉表现效果更加突出和优美。

7.6 优秀作品赏析

知名品牌运动鞋海报，使用黑色作为版面背景，突出表现运动鞋的炫彩造型，结合多彩的线条图形，使得运动鞋的表现效果更加突出。

纯净水海报，通过夸张的表现手法将产品与大自然完美结合，寓意着产品的纯天然和高品质，整个海报给人一种舒适、自然、心旷神怡的感受。

移动软件宣传海报，将人物与动物完美结合，使海报产生强烈的趣味性，使用手写字体表现主题文字，表现效果非常时尚，给人留下深刻印象。

啤酒宣传海报，该海报非常具有创意地将啤酒从种子到发酵再到最终成为啤酒的全过程图片巧妙地结合在一起，非常形象、生动。

该电影海报，将人物图形相互叠加和嵌套处理，表现出电影紧张、刺激的故事情节，给人带来无限的想象空间。

该活动宣传海报以无彩色为主调，在版面的局部应用高纯度的有彩色，形成强烈的对比，使海报的视觉效果非常突出。

该饮料宣传海报巧妙地将饮料与制作该饮料的水果相结合，表现出饮料的纯天然和新鲜口感。

该洗衣液宣传海报用象征的设计手法，将多种色彩的鲜花组合成衣服图形，表现出衣服的清香、自然，具有较强的感染力。

7.7 本章小结

　　海报是一种大众化的宣传工具，它的画面应该具有较强的视觉效果，海报的表现形式多种多样，题材广泛、限制较少，海报版面的构图应该让人赏心悦目，能够在视觉上给人美好的印象。本章对海报招贴版式设计进行讲解与分析，希望读者能够理解海报招贴版式的设计表现方法和技巧，并能够将其应用到实际设计工作中。

第 **8** 章
宣传画册的版式设计

宣传画册是企业的一张名片，它包含企业的文化、荣誉和产品等内容，展示了企业的精神和理念。宣传画册必须能够正确传达企业的文化内涵，同时给受众带来卓越的视觉感受，进而达到宣传企业文化和提升企业价值的作用。

8.1 了解宣传画册的版式设计

在现代商务活动中，画册在企业形象推广和产品营销中的作用越来越重要，宣传画册可以展示企业的文化、传达理念、提升企业的品牌形象，企业宣传画册起着沟通桥梁的作用。

8.1.1 宣传画册的分类

宣传画册是使用频率较高的印刷品之一，包括单位、企业、商场介绍，文艺演出、美术展览内容介绍，企业产品广告样本、年度报告、交通指向等多种形式。

一本优秀的画册是宣传企业形象、提升品牌价值、打造企业影响力的媒介，企业宣传画册主要可以分为3种类型，包括展示型、问题型和思想型。

① 展示型

展示型宣传画册和折页主要用来展示企业的优势，注重企业的整体形象，画册的使用周期一般为一年。

② 问题型

问题型宣传画册主要用来解决企业的营销问题、提高品牌知名度等，适合发展快速、新上市、需转型或进入转折期的企业，比较注重企业的产品和品牌理念，画册的使用周期较短。

③ 思想型

思想型宣传画册一般出现在领导型企业，比较注重企业思想的传达，使用周期为一年。

宣传画册易邮寄、归档，携带方便，有折叠（对折、三折、四折等）、装订、带插袋等形式，大小常为 32 开、24 开、16 开，当然在宣传画册的设计过程中，也可以根据信息容量、客户需求、设计创意等具体情况自订尺寸。

8.1.2 出色的宣传画册需要具备哪些特点

企业宣传画册不仅要体现企业及产品的特点，也要美观，读者通过宣传画册可以了解企业的发展战略及未来前景，以及企业的理念，而且画册也有助于提升企业的品牌力量。优秀的画册都具备一定的特点，在设计企业宣传画册时一定要注意把握这些特点。

1 好主题

确定宣传画册和折页的主题是设计画册的第一步，主题主要是对企业发展战略的提炼，没有好的主题，画册会变得单调和机械。

该画册版面主要用于介绍农产品，画册主题为"农夫集市"，与版面内容贴合。版面上半部分使用色块与图片结合的方式，展示了多幅农产品图片，差落有致的编排方式，有效活跃了版面，给人留下深刻印象。

2 好构架

有好的架构就好像一部电影有吸引人的故事情节，能够吸引人们去观赏。

该画册版面用于介绍设计服务，版面左侧将退底处理的人物工作图片与几何图形色块相结合，具有很好的感染力，版面右侧放置文字内容，使用大号加粗字体表现标题，中间部分留有较大的留白，整个版面的主题突出、直观。

3 好创意

创意不仅用在海报和广告上，好的创意也是宣传画册和折页的表现策略。

该画册版面的设计风格独特，就像是一本轻松的恋爱日记，图片的不规则排列、手写字体，以及点缀的花瓣装饰都能给人带来美好、亲切的感受。

4 好版式

版式就好像是人们的衣服，人人都追求时尚和潮流，版式也要吸纳一些国际化的元素。

该画册版面使用几何图形对版面进行分割，几何形状图片与色块相呼应，使版面个性突出。较少量的介绍文字放置在版面右上角位置，并且标题文字的蓝色与色块的橙色形成对比，很好地突出了标题的表现效果。整个版面给人一种时尚、现代、富有动感的感觉。

5 好图片

企业宣传画册和折页的设计中，常常会使用许多有关企业或产品的图片，这些图片的好坏直接影响画册和折页的质量，好的图片可以引人入胜，让人浮想联翩。

精美的图片是宣传画册成功的基础，在该美食宣传画册中，每张食物图片都非常清晰和诱人，让人看了就很有食欲，这样读者就会仔细阅读该版面中的内容。如果版面中的美食图片模糊不清或光线暗淡，会使读者完全提不起兴趣，甚至直接略过。

8.1.3 宣传画册的版式设计要求

版式设计就是在版面上将有限的视觉元素进行有机的排列组合，将理性思维个性化地表现出来，是一种具有个人风格和艺术特色的视觉传达方式。宣传画册版式的设计也有很多的要求，主要表现在以下几个方面。

1 主题鲜明突出

版式设计的最终目的是使版面产生清晰的条理性，用悦目的组织更好地突出主题，达到最佳表现效果。按照主从关系的顺序，使主体形象占据视觉中心，以充分表达主题思想。将文案中的多种信息做整体编排设计，有助于主体形象的建立。在主体形象四周增加空白，可使被强调的主题形象更加鲜明和突出。

该餐饮宣传画册使用黑色作为版面的背景色，将大小不一的图片进行搭配，使版面表现得更加随性和自由。版面中的正文使用白色的文字，而标题部分使用了鲜艳的橙色大号字体，使得主题非常突出、鲜明，并且左右版面的标题与正文都采用了相同的样式，使得版面形式统一。

2 形式与内容统一

版式设计的前提是版式所追求的完美形式必须符合主题思想，用完美和新颖的形式表达主题。

该运动品牌产品宣传画册设计新颖，版面设计类似商场中的商品陈列，通过 Logo 图形来突出品牌形象。版面中并没有过多的文字内容，读者在阅读过程中仿佛置身商场选购商品，有不一样的体验。整个版面给人一种自由、时尚的感受。

3 强化整体布局

将版面的各种编排要素在编排结构及色彩上做整体设计。加强整体的结构组织和方向视觉秩序，如水平结构、垂直结构、斜向结构和曲线结构。加强文案的集合性，将文案中的多种信息合成块状，使版面具有条理性。加强展开页的整体性，无论是产品目录的展开版，还是跨页版，均为统一视线下的展示。加强版面设计的整体性可以使版面获得良好的视觉效果。

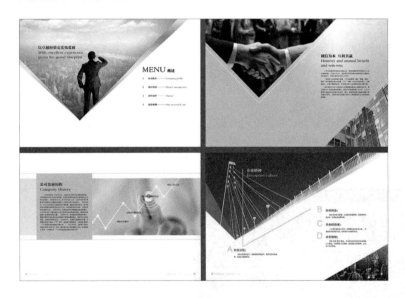

该企业宣传画册每一个跨页都是一个整体，在跨页版面使用几何形状的图形与图片相搭配，给人一种坚强、刚毅的印象，画册中的多个版面都使用了相同的设计风格，保持了画册整体的统一性。

8.2 宣传画册的版面诉求特点

宣传画册可以建立受众对企业（组织、产品等）的第一印象，能否把客户可能获得的优越性、益处淋漓尽致地表现出来，打动受众，是非常关键的，设计师要针对人性特点，使用各种手段着力以情感人、以情动人、以利诱人，引领受众由看到读，然后判断决定。干巴巴的空泛宣传不可能有效激发受众的情绪和欲求。

8.2.1 煽情、亲和

以美好的情感烘托宣传主题，选用情切意浓的文字、图片作为版面内容，追求文学性的意境与表现，可以赢得受众的认同。以偶像明星作为形象代言人也会产生很强的心理感召力，有润物细无声之功效，它拉近设计与受众的距离，使消费者在熟悉的阅读环境中对企业（产品）留下美好的印象。一些大众喜闻乐见的形象，具有幽默感的图片，温馨、圆满的图文排列方式，都能够营造出亲切、愉快的版面氛围。

大幅的人物图片可以使版面显得更具有亲和力。该画册使用全家野外聚餐的图片作为跨页的满版背景，搭配简洁的文字说明，使版面表现出亲切、愉快的整体氛围，具有很强的亲和力。

8.2.2 强调受益

宣传画册的目的是推销，一个高明的设计师常常会绞尽脑汁在版面构成中突出产品的特性，强调它给予消费者的利益、好处、承诺。使用直白的文字，利用人们对形色的联想，或是直接夹带小礼品等，都会让受众切实体验到商家的真情实意，避免煽情流于空泛。

该产品宣传画册用大幅的产品图片结合简短的文字，介绍该产品的优势，以及为用户带来的方便，表现形式简单、直接，使读者一目了然。

8.2.3 宣传画册版面构成特点

图片好坏是决定宣传画册成败的重要因素，图片风格要前后一致，并注意与企业形象、相关设计风格相吻合。而且产品的大小比例要一致，这样设计出来的版面系统、规律、严谨、易读。

该房地产宣传画册的跨页使用全景视角的精美城市夜景图作为跨页的满版背景，给读者带来很强的视觉震撼，表现出该项目所处地理位置的繁华，预示着它能够给用户带来便捷、舒适的生活。

该食品宣传画册的跨页使用大幅的图片表现该食品的新鲜、诱人，从而有效地吸引读者。文字介绍内容放置在版面的右侧，版面四周留有少量留白，使版面看起来稳定、直观，版面主题突出，内容清晰、易读。

文字选择要符合企业（或产品）特点，或时尚、或古典、或高档，基本字体要保持一致，产品的名称可以使用粗体或另一种字体进行强调。说明文字的排列可以位于图片旁边，也可以置于其他位置，只要与图片的标号相同，顾客也就一目了然。此外版面颜色不宜过多，否则会降低宣传内容本身的吸引力。

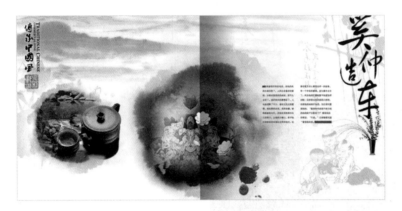

该宣传画册的跨页大量运用中国传统水墨元素营造出一种传统、古典韵味的版面风格。标题文字使用了毛笔字体，并采用竖排的方式，使标题文字与版面的整体风格相融合，而正文内容因为字体较小，采用了规整的字体和排版方式，使正文内容清晰、易读。

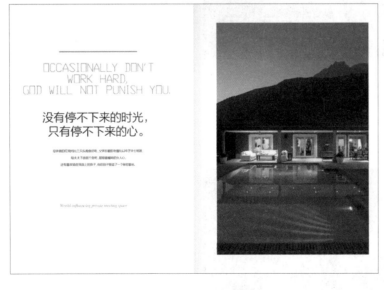

在该宣传画册的跨页版面中，右侧版面放置一张大幅图片，左侧为文字介绍内容，字体使用了细线字体，与右侧的图片气质相吻合，表现出优雅、宁静的氛围。整个版面大量使用留白，显得更加清新、优雅。

宣传画册通常有多个版面，它们之间需要相互呼应，建立起整体和谐的视觉效果。同一张图片的变化使用、布局、装饰手法的一致，同一背景图案的贯穿等都是行之有效的方法。

该旅游宣传画册的多个版面保持了统一的设计风格和配色。每个版面都通过一张精美的大幅旅游图片来吸引读者的关注，标题文字处理方式也采用了相同的形式，版面进行了编号，给读者很强的顺序感。版面中文字内容较少，便于读者的阅读。

心理学研究表明，6个字左右的广告语诱读性最强，对于版面不大的宣传画册，过多的广告文字只会平添疲倦，减弱记忆。为了增强版面诱读性，设计时可以把广告内容分解在宣传画册的各个版面，使它们产生连续系列效果，引导读者依序阅读并始终保持耐心和兴趣，让宣传内容以逐步渗透的方式进入读者心中。

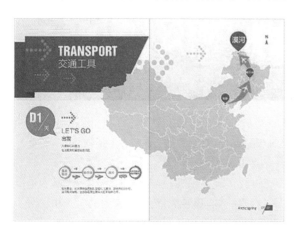 

该旅游宣传画册以图片排版为主，通过精美的照片将读者带入到自然环境中。该宣传画册的每个跨页的标题都保持在6个字左右，并且为标题文字设计了统一的背景图形来突出标题，简短的标题文字使读者对主题内容一目了然，使画册的多个版面具有统一的连贯性。

技巧

设计无定法，面对客户提供的资料，设计师应该充分发挥想象力，勇于突破创新，针对栏的安排，图片裁切，文字的变化组合，字体、字号、底色、色调等问题深入挖掘思考，形成多个思路，再从中选出最贴切的理想方案。

8.3 地产宣传画册的版式设计

企业要对外宣传的是企业的性质和精神理念，简洁的设计风格能够反映一个企业严谨的商业理念和严肃的商业态度，在商业地产宣传画册的版式设计中使用简洁的设计风格再合适不过了。

1 项目背景与文案

项目名称	商业地产宣传画册内页	
目标定位	向投资者和商家突出表现该商业地产价值以及规模，从而吸引投资者的关注以及商家的入驻	
项目资料	投放载体：宣传画册 投放时间：长期使用	版面尺寸：636mm×236mm 广告形式：发放给到访客户
版面主题	"封顶西南，开辟商业新高度，300万㎡中国西南商贸第一城"，充分体现出该商业地产的宏大规模以及高端品质	

2 素材分析

　　该商业地产宣传画册内页只使用了一张该地产项目的全景效果图，通过展示大幅的全景效果图，能够充分地向读者展示该商业地产的全貌，并给读者带来震撼的视觉效果。

全景效果图

3 案例设计

　　（01）该商业地产宣传画册采用简洁的设计风格，跨页满版图片的处理是重点，可通过不规则的图形构图为画册版面增添活力。

　　（02）该画册版面使用蓝色作为版面主色调，它代表一种理想、广阔与深沉，传达出该地产项目的远大抱负与广阔视野。将主题文字设置为金黄色，代表一种辉煌与财富，并且能够与蓝色的背景形成良好的视觉对比。

　　（03）版面的设计打破传统矩形的表现形式，使用横跨跨页版面的圆弧状图片为版面带来动感，预示着该项目能够帮助消费者的事业实现大跨步。

案例分析

该版面将图片以横跨跨页的方式放置在版面底部，矩形可以使画册多一些严肃感和权威感，但在制作过程中却忽视了美感和创意，艺术性不强，不能有效吸引读者。

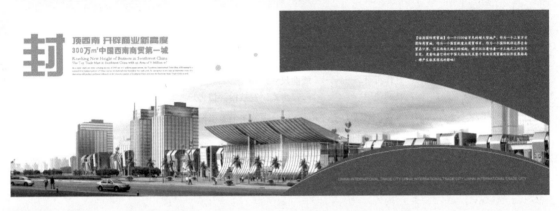

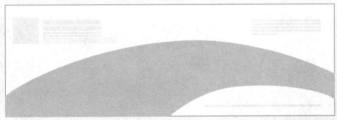

修改后的效果

修改后的版面将底部的矩形展示图片修改为圆弧状不规则的效果，为版面增添加了几分动感，很好地完成了从一页到另一页的过渡。但文字排版效果比较单调，无法表现出动感和设计感。

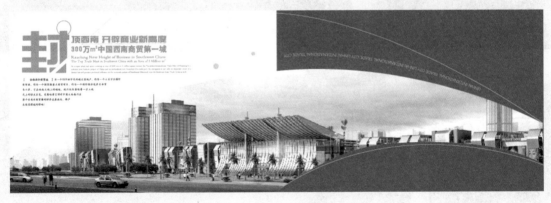

最终效果

最终的版面设计保留圆弧状不规则的图片展示效果，在此基础上绘制一些弧线进行装饰，将单行的文字内容沿图片曲线轮廓进行排列，使版面看起来更加美观大方。主题文字部分用直线和圆形进行装饰处理，使主题文字部分既严肃、简洁，又不失观赏性。

8.4 楼盘宣传折页的版式设计

楼盘宣传折页的设计需要充分表现出楼盘的特点,在设计过程中除了可以通过文字和楼盘效果图展现楼盘,还需要在细节部分设计一些新颖的表现方式,让消费者过目不忘。

1 项目背景与文案

项目名称	"金港花苑"楼盘宣传折页	
目标定位	向消费者充分展示楼盘的突出优势和主要卖点,从而更加有效地吸引消费者的关注	
项目资料	投放载体:宣传折页 投放时间:长期使用	版面尺寸:706mm×336mm 广告形式:发放给到访客户
版面主题	从"学府""繁华""人文""奢享"等多个方面来表现该楼盘的高端品质	

2 素材分析

在楼盘宣传折页的设计中,楼盘的整体效果图以及楼盘的 Logo 是必不可少的,另外还可以根据楼盘的品质与特点选择一些能够体现楼盘特点与周边环境的实拍图片,从而更好地突出表现楼盘的优势与特点。

楼盘效果图

楼盘效果图

楼盘效果图

周边环境实拍

周边环境实拍

周边环境实拍

周边环境实拍

3 案例设计

（01）开始设计宣传折页之前，首先需要考虑折页的方式是对折、三折还是四折，根据折页的方式来考虑版面内容的安排。

（02）楼盘宣传广告常通过大幅精美的楼盘效果图来直观地展示楼盘的优美环境，从而有效地吸引消费者。

（03）该楼盘折页使用低纯度的浅黄色作为内页的主色调，给人一种舒适、内敛的感觉，体现出楼盘的优秀品质，使用红色图形进行点缀充分活跃了版面，使版面不会过于沉闷。

（04）为版面添加背景纹理丰富版面背景，版面中各主题内容的排版规整，便于阅读。重点是添加了不规则几何形状图形，赋予了版面活力，使读者能够感受到生活的激情与快乐。

案例分析

设计初稿

在该宣传折页的正面，左右两侧放置了满版的图片，形成左右对比，构成稳定的版面，中间放置楼盘的 Logo 以及相关的简洁说明，版面看起来非常简洁、大气、稳定。

在内页左侧版面用规则的矩形来放置宣传图片，其他 3 个版面用左对齐的方式来排列介绍内容，版面看起来简洁、大气。但版面的整体缺少对比，有点缺乏生气。

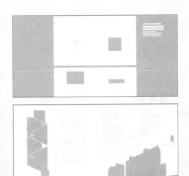

修改后的效果

修改后的版面在正面为背景添加倾斜的格状纹理，并且在中间位置添加了一条红色的格状图形，与背景色形成对比，丰富了版面的视觉效果。
在内页版面，同样为背景添加倾斜的格状纹理，并且将左侧的图片修改为不规则形状，相互拼接。
修改后的版面设计让人感觉层次更加丰富，不规则的图片也增强了版面的表现力。

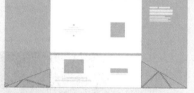

最终效果

最终的版面设计分别在版面的底部边缘和上边缘添加了一些不规则的红色格状图形和不规则图片来丰富版面，使得版面的视觉效果更加活跃、现代，表现出时尚、动感的气息。

8.5 产品宣传画册的版式设计

产品宣传画册的版式设计需要在突出产品的基础上表现产品的风格与特点，不同产品的风格特点是不同的，这就要求设计师在开始设计之前一定要对产品有所了解，并且明确产品的特点与要表现的主题，这样才能更好地确定版面的表现风格和构图方式。

1 项目背景与文案

项目名称	"水墨仙境"系列床上用品宣传画册版面	
目标定位	向广大消费群体展示该系列床上用品，并对其设计灵感、产品亮点等进行介绍，使消费者对该产品留下良好的印象，从而刺激消费行为	
项目资料	投放载体：宣传画册 投放时间：长期使用	版面尺寸：425mm×290mm 广告形式：提供给消费者翻阅
版面主题	"水墨仙境"为该系列产品的设计主题，同时也是该产品宣传版面的主题	

2 素材分析

    该产品宣传版面的重点素材是该产品实拍图片，为了配合主题的表达，在版面设计过程中还运用了传统水墨风格的背景以及墨迹等素材图片，还添加了自然环境相关的素材来丰富版面。在设计过程中需要注意对素材图片的处理，使素材图片的表现更加自然、融合。

产品实拍图片

水墨背景素材

墨迹素材

自然环境素材

3 案例设计

    （01）该产品宣传画册使用产品实拍图片作为主要素材，向消费者进行直观展示。

    （02）配合产品的主题，版面主要使用无彩色系的黑白灰色调进行搭配，从而更加凸显产品的色彩效果。

    （03）版面的设计风格要能展现产品的"水墨仙境"主题，应该表现出舒适、宁静、富有传统文化韵味的特点。

案例分析

设计初稿

    该产品宣传画册的版面使用产品宣传图片作为满版大图，放置在版面左上角的位置，并占据版面三分之二的面积，具有很好的可视性。正文内容采用常规的横排方式，整个版面让人感觉直观、清晰，但无法体现出"水墨仙境"这个主题的特点，显得中规中矩、毫无风格。

["水墨仙境" 套件组合]

修改后的效果

修改后的版面重点对产品宣传图片进行处理，将具有传统水墨风格的素材图像与产品图片相结合，将产品图片融入到水墨画中，突出表现该版面的主题，但版面中的文字效果过于普通，不能与版面的整体风格相呼应。

最终效果

最终的版面设计使用毛笔字体来突出表现主题文字，使主题文字能够融入整体设计风格中，并且版面中的正文内容采用竖排的方式，整个版面展现出一种传统风格的韵律之美，能够更好地突出表现产品的主题。

8.6 优秀作品赏析

该企业宣传画册的版面设计非常简洁，使用满版图片作为背景，但是降低了图片的透明度，使图片不会对正文内容产生影响，正文内容的排版简洁、清晰，便于阅读。

该体育运动宣传画册的版面使用红色的色块将背景分为3部分，版面内容采用自由排列的方式，经过退底处理的人物图片与文字相结合，很好地表现出运动感，给人一种富有激情、活跃的感觉。

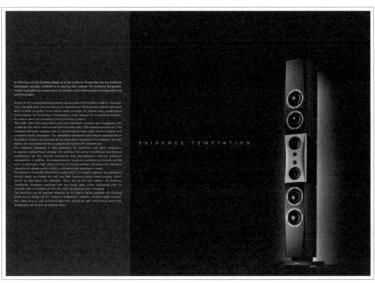

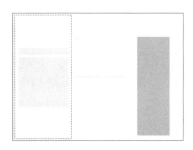

该家电产品宣传画册的版面非常简洁，黑色与深灰蓝色将版面分割成不等比例的两个部分，左侧放置介绍文字，右侧大范围黑色背景中放置产品图片，版面显得非常简约、精致，整体给人一种高档的感觉。

该时尚服饰宣传画册版面设计简洁、大方，右侧版面中放置满版的模特图片，给读者以直观的感受，左侧版面中放置介绍文字和其他展示图片，并且有大量留白，使得版面显得非常直观、大方。

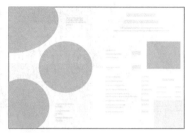

该餐饮美食宣传画册使用较暗的木质纹理作为版面的背景，很好地衬托了美食的诱人。版面中的内容采用自由、随意的排版方式，用不规则的美食图片与文字相结合进行介绍，版面内容清晰，整体给人精致、诱人的感受。

大幅图片能够有效提升版面的视觉冲击力，该汽车宣传画册使用满版的汽车图片作为背景，并且对图片场景进行了适当的模糊处理，从而使版面表现出动感，在图片左下角排列大字体的主题文字，整个版面给人较强的视觉冲击力。

8.7 本章小结

在现代商务活动中，宣传画册在企业形象推广和产品营销中的作用越来越重要，宣传画册可以展示企业的文化，传达理念、提升企业品牌形象，起着沟通桥梁的作用。本章向读者介绍了宣传画册版式设计的相关知识，通过实例讲解，使读者更轻松地理解宣传画册版式设计的方法和技巧。

第9章
杂志的版式设计

杂志设计包括杂志封面设计、杂志版式设计以及杂志广告设计等。杂志版式设计主要针对版面中的图像与文字等设计元素，目的是让各种元素经过精心编辑后，能够更好地体现印刷出版物的内容与主题。

9.1 了解杂志版式设计

杂志与报纸一样，有普及性的，也有专业性的。就整体而言，它比报纸针对性要强，有社会科学、自然科学、历史、地理、医疗卫生、农业、机械、文化教育等种类，还有针对不同年龄、不同性别的杂志，可以说是分门别类，非常丰富。

9.1.1 杂志版式设计元素

杂志版式设计是杂志设计中的重要内容，版式设计有时比封面设计还要重要，它直接影响到读者的阅读体验，一本好的杂志应该对内文的字体、字号、字距、行距以及版心的大小位置，包括与图片、图形的组合认真推敲，最大限度地满足读者阅读的需要。

杂志内页版式的设计对象包括版权页、目录、栏目、页码、小标题、引文等，从阅读的顺序来看，依次是图片、大标题、小标题、表格、内文。此外，对于每页或每篇文章的设计更多是从小处着手，设计上主要集中于图片、标题、正文的处理。

1 栏目名称

杂志的信息量越大就越需要简洁。通常栏目名称都放在页面的最上面，每个栏目是否需要不同的色彩则根据杂志的大小而定，关键是确定一个栏目是采用一个主标题还是采用正副标题。正标题是整个栏目的主题，副标题则是与每页内容相关的标题。

2 文章标题

能够刺激读者联想，激发读者兴趣的标题才可以称为成功的标题，标题可以是著名的图书、影片及歌曲的名称，有时也可以运用一语双关的手法。

3 小标题

小标题主要是为了分割长篇文章。小标题有两种，一种标志着文章下一部分的开始，从设计角度讲，这样的小标题不可以移动；另一种是可以移动的小标题，设计上可以把它插入任何位置，后一种标题的作用是把大块的文章切割开来，标题内容往往是文章内容的摘要。

4 页码

页码是杂志中最不可缺少的元素，它的作用是便于读者选择阅读。页码的位置不追求特立独行，一般放在每页底部的外端或中间，如果杂志分成不同的栏目版块，也可以把页码放在顶部。

9.1.2 杂志版面尺寸

杂志版面的规格以开本为准，主要有 32 开、16 开、8 开等，其中 16 开的杂志是最常见的。细心的读者会发现，同样是 16 开的杂志，大小也是不一样的，原因是 16 开又可以分为正度 16 开和大度 16 开，这就要求设计师在设计之前首先弄清楚杂志的具体版面尺寸。32 开的版面尺寸为 203mm × 140mm，8 开的版面尺寸为 420mm × 285mm，正度 16 开的版面尺寸为 185mm × 260mm，大度 16 开的版面尺寸为 210mm × 285mm，目前我国使用最广泛的是大度 16 开的尺寸。

9.1.3 杂志版式的设计流程

杂志设计是一项较为复杂的工作，包含了封面以及内页的设计。其设计程序主要分为以下几步骤。

1 确定杂志基调

根据杂志的行业属性、市场定位、受众群体等因素，找出该杂志版面表现的重点，确定杂志的基调。

2 确定开本形式

根据杂志的定位，确定合适的开本规格及形式，在行业特性的基础上，结合读者的阅读习惯进行创意和创新。

3 确定封面的版式风格

根据杂志定位制定杂志设计风格，刊名的字体设计和封面设计是重点。

4 确定内页的版式风格

确保内页中各大版块设计风格的统一，并在此基础上进行版块独特性的创新与设计。字体的大小与内容版块的编排要符合杂志的阅览特性和专业属性，使版块结构更有节奏感，保证阅读的流畅性。

5 确定图片的类型

根据杂志的主要内容选择主要的图片类型，以适合版面风格、体现版面内容为重点，图片的精度必须保持在300dpi以上，以保证印刷质量。

6 具体设计

将杂志的主题、形式、材质、工艺等进行综合整理，然后开始具体设计。设计过程中务必要保证杂志的整体性、可视性、可读性、愉悦性和创造性，从而达到主次分明、流程清晰合理、阅读流畅的效果。

9.2 杂志版式设计要点

　　杂志的版面设计应该根据杂志的开本、外形、内容和受众群体，确定设计的风格，针对版面需要，将图文信息进行编排组合，使页与页之间形成连续、清晰、顺畅的效果。不同的内容还需要展现不同的个性，使整体在统一中富有变化，这样才能使读者保持新鲜感，产生继续阅读的欲望。

9.2.1 主题鲜明突出

　　杂志版式设计的最终目的是使版面产生清晰的条理性，用悦目的组织来更好地突出主题，达成最佳的表现效果。它有助于增强读者对版面的注意，增进对内容的理解。要使版面获得良好的诱导力，鲜明地突出主题，可以通过版面的空间层次、主从关系、视觉秩序以及彼此间的逻辑条理性来达到。按照主从关系的顺序，放大主体形象使之成为视觉中心，以此来表达主题思想。将文案中的多种信息做整体编排设计，有助于主体形象的建立。在主体形象四周增加空白区域，可使被强调的主体形象更加鲜明突出。

在该美食杂志版面设计中，左侧版面使用满版图片展示美食主题，在图片上叠放主题文字，文字与满版图片相结合，清晰、明确地表明版面主题。在右侧版面中放置正文内容，分为两栏，通过文字与图片相结合的形式进行介绍。整个跨页版面的主题鲜明、突出，内容清晰、直观。

该时尚杂志将大幅的模特图片与大字体的主题文字相互叠加，突出表现版面的主题，给人一种简约、时尚的感觉。在右侧版面中运用大量留白，将正文内容放置在下半部分，采用两栏放置，并且对分栏效果进行了调整，大面积的留白使得版面主题更加鲜明、突出。

> **技巧**
>
> 杂志的正文通常采用自左向右的横向排列，这样符合人们的视觉习惯，可以提高阅读的质量和速度。通常不宜采用通栏的形式排版，一般分为双栏或三栏等。排列与分栏力求做到使版块清晰、线条流畅。

9.2.2 形式与内容有机统一

版式设计所追求的完美必须符合主题思想，这是杂志版式设计的前提。只讲完美的表现形式而脱离内容，或者只求内容而缺乏艺术表现，版式都会变得空洞和刻板，也就失去了设计的意义。只有将二者统一，首先深入领会主题思想，再融合设计者自己的思想情感，找到一个同时符合二者需求的完美表现形式，版式设计才会体现出它的分量和特有的价值。

该旅游杂志跨页版面使用旅游目的地的风景图片作为满版背景，给人一种直观的视觉感受。在右侧版面中用背景色块来突出正文，使正文内容与版面的背景图片融为一个整体，给人一种完整、统一的视觉形象。

该休闲杂志版面主要介绍美食，使用自由、随意的排版方式给人一种惬意、悠闲的感觉。版面将不规则的图片与文本内容进行绕排处理，并搭配一些装饰图形，主题、标题和正文内容采用了不同的字体大小，虽然风格表现自由，但内容依然比较清晰、易读。

9.2.3 强化整体布局

将图与图、图与文字在编排结构及色彩上做整体设计，当图片和文字少时，需要以周密的组织和定位来获得版面的秩序，即使运用松散的结构，也是设计中特意的追求。对于连页或者展开页，不可以设计完左页再考虑右侧，否则必将造成松散和各自为政的状态，也就破坏了版面的整体性。

该杂志跨页在上部和底部分别放置黄色的背景色块,使得版面上下呼应。版面上部放置横跨跨页版面的大幅图片,使左右版面形成一个统一的整体。正文部分用分栏的方式进行排版,并且为各部分内容标题添加黄色的背景色块,使得版面内容非常清晰。

获得版面的整体性,可以从以下方面来考虑:加强整体的结构组织和方向视觉秩序,例如水平结构、垂直结构、斜向结构、曲线结构等;加强文案的集合性,将文案中的多种信息分别组合成块状,使版面具有条理性;加强展开页的整体性,无论是报纸的展开版还是杂志的跨页,均为同视线下展示。

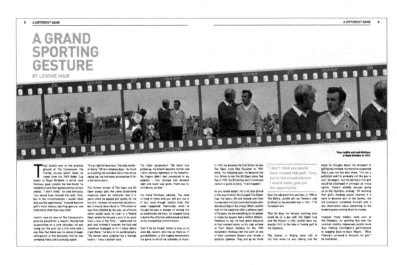

该杂志跨页版面将倾斜的黑白胶片图形横跨跨页版面放置,在胶片图形中放置展示图片,为版面带来动感和整体感。版面的主题内容使用黄色大字体放置在版面左上角位置,而在版面下方正文内容分为三栏,整个版面的阅读顺序非常清晰,具有良好的视觉效果。

技巧

现代杂志的版面构图通常将大幅的写真图片或艺术图画出血编排,在图片上方添加色块以放置标题文,或是直接在满版图片上编排文字。内页构图则是以网格编排为主,通过对栏数、图像、字体等元素的灵活编排,使版面呈现出丰富的视觉效果。

9.3 杂志封面的版式设计

杂志封面设计,是将文字、图形和色彩等进行合理安排的过程,文字排版起主导作用,它让封面看起来有条不紊,封面文字以水平方式排列,会给人一种平静和稳重的感觉,并且能给整体带来平衡的作用。

1 项目背景与文案

项目名称	时尚杂志封面设计
目标定位	向广大读者介绍生活方面的知识及时尚资讯,为追求潮流生活的年轻人提供参考和帮助
项目资料	投放载体:时尚杂志　　　　　　版面尺寸:210mm×291mm 投放时间:短期使用　　　　　　广告形式:杂志发售
版面主题	"时尚生活"为该杂志的名称,同时也是该杂志的主题,杂志中的所有栏目内容都将围绕"时尚"和"生活"这两个关键词展开

2 素材分析

  该时尚杂志封面设计将使用经过后期处理的时尚人物作为封面的背景素材,从而更好地突出时尚主题。然后根据实际的设计案例选择合适的设计元素进行版面设计。

人物素材

封底素材

3 案例设计

  (01)通常杂志封面的设计都会使用精美的满版图片作为封面的背景,时尚类杂志常使用精美的人物摄影图片作为满版图片,从而有效吸引读者。

  (02)封面背景使用灰色的渐变色,视觉效果好,并且灰色也能够体现出时尚感。文字的渐变色和各种元素有效地结合在一起,使杂志封面显得丰富灵活、多姿多彩,给人的视觉带来平衡感。颜色与文字结合的版面,图文并茂、生动活泼,能够增强读者的注意力,提高读者阅读兴趣。

  (03)杂志封面设计的构图是将文字、图形和色彩等进行合理安排的过程,其中文字起主导作用,图形和色彩等的作用是衬托封面。在当今琳琅满目的杂志中,杂志的封面起到一个无声的推销员的作用,封面的好坏在一定程度上会直接影响到人们的购买欲望。

案例分析

设计初稿

  该时尚杂志封面使用处理后的人物图片作为封面的满版背景图片,给人较强的视觉冲击力。将杂志名称放置在封面的正上方,并使用大号字体进行表现,杂志中的相关文章标题放置在版面下方,并左右放置。本杂志的主题是以时尚为主,但是字体的变化和效果一点也突出不了时尚感。

修改后的效果

修改后的版面将封面中下方排列的文章标题进行处理，分别使用不同的字体大小、颜色来设置，大小标题层次分明，让读者一目了然，整个画面也有了主次效果。

最终效果

最终的版面设计对杂志名称文字进行了艺术化处理，文字渐变的填充，加上白色描边和投影的处理效果，文字在画面中有了体积感，给人稳重的感觉。

9.4 美食杂志的版式设计

　　杂志内页版式设计的好坏直接影响到读者阅读过程中的心情，人们常常忽视内文版式的存在，认为只需要有出色的杂志封面就可以了，这是错误的。美食杂志的重点在于突出食物的诱人和精致，给读者带来愉悦的阅读感受。

1 项目背景与文案

项目名称	美食杂志内页版式设计	
目标定位	向广大读者介绍几种国外美食的制作方法，使读者对国外美食有所了解，并掌握简单的制作方法	
项目资料	投放载体：美食杂志 投放时间：短期使用	版面尺寸：210mm×285mm 广告形式：杂志发售
版面主题	"餐桌上的异国风情"为该美食杂志内页的主题，内文通过图片与文字结合的形式介绍了几款简单的国外美食制作方法，内容紧扣版面主题	

2 素材分析

　　该美食杂志内页的版面设计使用多张精美的食物素材图片。在选择食物素材图片时需要注意，一定要选择清晰度高、色彩亮丽、构图精美的食物图片，这样才能够有效吸引读者。

水果合成素材

美食图片

美食图片

美食图片

美食图片

美食图片

3 案例设计

　　（01）美食杂志内页设计主要通过精美的美食图片带给读者一种诱人、美味的感觉，从而有效吸引读者去阅读版面中的文字内容。

　　（02）该美食杂志内页使用白色作为背景主色调，充分突出美食的诱人，使用红色作为点缀色，使版面给人一种热情、欢乐的印象。

　　（03）该美食杂志内页使用常规的构图方式，在左侧使用满版图片来突出表现美食的诱人，右侧版面将正文分为三栏，中间一栏放置美食图片，左右两栏放置文字内容，结构简洁、清晰。

案例分析

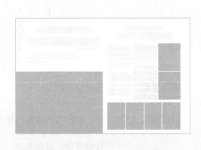

设计初稿

该美食杂志内页中，左侧版面将美食图片放置在下方，版面主题及介绍内容放置在上方，视觉重心在下方，让人感觉很沉重。

修改后的效果

修改后的版面用满版图片铺满整个左侧版面,将主题文字放置在版面的中间位置,介绍说明放置在上方,版面效果非常突出,但右侧版面的排版还是会使读者感觉比较混乱,没有特点。

最终效果

在最终的版面设计中,设计者重点对右侧版面的排版进行了调整,将美食图片放置在版面的上方,而正文内容放置在版面的下方,以三栏的方式进行排列,并且将美食图片放置在中间栏,使得图片与文字内容非常清晰、直观,整个版面层次表现更加丰富。

9.5 旅游杂志的版式设计

旅游杂志内页的版式设计通常以旅游目的地的风景图片展示为主,以风景图片来吸引读者的关注,在版面设计过程中需要注意对图片的排版处理,合理地对图片进行安排,有主次之分,这样才能使版面看起来更加舒适、自然。

1 项目背景与文案

项目名称	旅游杂志内页设计	
目标定位	向广大读者介绍威尼斯的风土人情,多方位展示景点特色,力求使读者加深对景点的认识	
项目资料	投放载体:旅游杂志 投放时间:短期使用	版面尺寸:210mm×285mm 广告形式:杂志发售
版面主题	"水上城市"为该旅游杂志内页的主题,也是该版面介绍的旅游城市威尼斯的突出特点,版面中的风景图片都能够体现出这一主题	

② 素材分析

    该旅游杂志内页版面以威尼斯的城市风景图片为主，多个不同景点的图片全方位展示了该城市的风景，可根据实际的文字内容以及版面需要选择合适的设计元素进行版面设计。

③ 案例设计

    （01）该旅游杂志内页将旅游景点图片作为版面中的主要视觉元素，向读者充分展示当地的美景。

    （02）该旅游杂志内页使用明度和纯度较低的土黄色作为背景主色调，给人一种温和、舒适的感觉，也能更好地衬托风景图片的表现效果。

    （03）该旅游杂志内页版面以图片为主，将风景突出的图片放大，其他风景图片环绕，突出版面的视觉表现力，使版面中各元素联系紧密、均衡。

案例分析

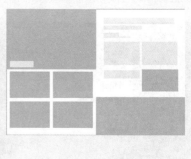

设计初稿

在该旅游杂志内页设计中，左侧版面中放置多张风景图片，右侧版面中放置正文内容，版面中的图片尺寸大小相近，没有重点，无法突出表现风景的特点。

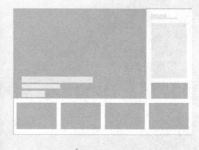

修改后的效果

修改后的版面将风景突出的图片放大，横跨左右版面，将主题文字放置在图片上方，其他风景图片放置在版面下方，视觉效果比之前的版面要好很多，但因为风景图片位于版面的左侧和下方，使得视觉重心下移。

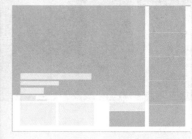

最终效果

最终的版面设计依然保持左上的大幅风景展示图片，将其他风景图片放置在版面的右侧，以垂直方式进行排列，正文内容放置在版面左上角大图的下方，使得版面均衡，整个版面给人富有变化和活力的感觉。

9.6 优秀作品赏析

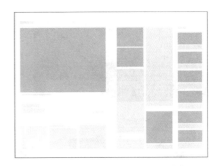

该资讯杂志内页版面使用常规的排版方式，左侧版面上方放置大图，下方将正文内容分为三栏进行排列，右侧版面分为三栏，在每栏中分别放置图片与正文，版面层次清晰，内容直观、易读。

该旅游杂志版面以拍摄于该旅游目的地的知名电影作为版面主题，将整个版面背景设计为电影场景，使读者仿佛置身于电影当中，非常有创意，版面中的正文内容根据图片的形状进行排列，整体感强，给人很强烈的视觉刺激。

该时尚杂志内页版面的设计非常简洁，使用高清晰的时尚摄影大片作为跨页满版图片，仅在左上角的位置放置了几行小字体作为简短说明，让读者充分感受到时尚大片带来的视觉享受。

该手表产品介绍版面采用自由版面设计风格，将手表图片与相应的介绍文字进行绕图排版，在版面左上角的位置放置大幅的广告宣传图，整个版面时尚、自由。

该汽车杂志内页版面将退底处理的汽车图片放置在跨页版面的中心位置，横跨跨页版面，左上角放置大字体的主题文字，右下角放置小字体的介绍文字，整个版面给人一种简洁、大气的印象。

该时尚杂志版面采用自由的排版方式，将产品图片与介绍文字进行混排，给人一种强烈的时尚感。特别是版面左侧将人物放置在中间位置，相关的时尚产品图片围绕人物放置，并结合介绍文字，非常直观。

9.7 本章小结

　　杂志具有印刷精美、发行周期长、可反复阅读、令人回味等特点。因此在设计杂志版面时，需要根据杂志媒体自身的特点，使之图文并茂，排版清晰，从而吸引读者。本章向读者介绍了有关杂志版式设计的知识，希望通过本章内容的学习，读者能够更好地理解杂志版式设计，设计出优秀的杂志版面。

第 **10** 章

报纸的版式设计

报纸版式设计在古老的报业中正成为新潮流，即便是一些多年来一直设计精良的报纸也需要进行不断地创新设计。报纸之所以进行创新设计，一个重要的原因是它们目前正面临着三个方面的挑战：第一个来自互联网以及电视、广播、杂志和多媒体等其他传播媒介，第二个来自报业内部，第三个来自不断变化的读者市场。因此，报纸版式的创新设计目的绝不仅仅是换个面孔，而是寻找创新之路，这涉及报业自身的生存和发展。

10.1 了解报纸版式设计

报纸是大众媒体，覆盖面大、传播面广、可信度高，内容涉及社会生活各个层面，世界、国家、政治、经济、文化、科技、习俗、娱乐无所不包，深受人们的喜欢。

10.1.1 什么是报纸版式设计

报纸版式设计是将文字、图片、色彩、栏、行、线、报头、报花、报眉、空白等构成元素按具体内容和思想导向原则排列组合，使用形式语言、造型方法把新闻思想以视觉形式表现出来。

面对报业行业内的激烈竞争，网络、电子媒介的挑战，一份报纸要战胜对手、赢得读者、成为业内畅销品牌，不仅要注意内容的丰富、精彩，还要重视版式的非凡影响力。具有思想性、艺术性的漂亮版式，可以提升报纸的品位，提升市场竞争力和地位，如画龙点睛。

10.1.2 常见报纸分类

按不同的分类方法可以将报纸分成许多类。从内容上划分，可分为综合性报纸与专业报纸；从发行区域上划分，可分为全国性报纸与地区性报纸；按出版周期划分，可分为日报、早报、晚报、周报等；按版面大小，可分为对开大报和四开小报；按色彩进行划分，可分为黑白报纸、套色报纸、彩色报纸。

10.1.3 报纸版面的开本

目前世界各国的报纸版面主要有对开、四开两种，其中，我国的对开报纸版面尺寸为780mm×550mm，因为对开报纸有两个版心，所以版心尺寸为350mm×490mm×2，通常分为8栏，横边与竖边的比例约为8:2。四开报纸的版面尺寸为540mm×390mm，版心尺寸为490mm×350mm。

目前也出现了一些开本不规则的报纸版面，如宽幅、窄幅报纸等。

技巧

大多数的对开报纸以横排为主，使用垂直分栏，而竖排报纸采用水平分栏。一个版面先分为8个基本栏，再根据内容对基本栏进行变栏处理。

10.1.4 报纸版式的设计流程

报纸的编辑工作是报纸生产中最重要的部分之一，它由多道工序组成，其业务范围包括策划、编稿和组版三部分。策划是指报纸的策划及报道的策划，编稿是指分析与选择稿件、修改稿件和制作标题，组版是指配置版面内容和设计报纸版面，报纸版式设计属于组版的范畴。

1 安排稿件

设计师在对报纸版面进行设计之前，要根据稿件的内容和字数，以及稿件的新闻性和重要程度分出主次顺序，以此确定文稿、图片的大小以及在版面中的位置，并大致勾画出报纸版面的框架。

2 美化版面

通过题文、图文的配合，以及长短块、大小标题、横竖排列的安排，再加上字体、字号、线条的变化和花框、底纹、题花的点缀以及色彩的运用和空白处理等，对报纸的外观进行美化和修饰。虽然报纸的版面设计比书刊的版面设计要复杂得多，但它也是依据版面设计的基本规律和框架来进行的。

技巧

报纸设计的基本要求是：信息主次分明，分区清晰；版面要有节奏感，在统一中求变化；要有视觉冲击力强的元素吸引关注；整体脉络清晰、简洁，读者能够流畅地进行阅读。

10.2 报纸版式设计要点

报纸版式设计一定要遵循"主次分明、条理清楚，既有变化、又有统一"的原则，恰当地留白守黑，灵活地运用灰色，通过对黑白灰的巧妙安排（这里的黑、白、灰是指照片、题图、插图、底纹之间的色调关系），形成一种张弛有度、疏密有致、有轻有重的节奏。

10.2.1 正确引导

报纸种类很多，给读者提供的信息各有侧重，内容风格均有差异，这种差异应该让读者能够从报纸版式上感觉出来。报纸的版式不仅是形式上的视觉"景观"，读者还会感应到其中的情感和信息。应该说版式编排可以向读者发出直观信息，有的清新文雅、满纸书卷气，有的高雅端庄、气派不凡，也有的棱角分明、活力跳跃等。

该综合新闻类报纸版面包含的信息量较大且呈现出多元化特点。版面内容分为6栏，中间穿插跨栏图片，使版面内容的条理非常清晰、自然，给人一种直观的印象，这也是综合类报纸常用的排版方式。

每份报纸都应该有属于自己的个性，有个性才能区别于其他，从而满足读者的不同需求。内容能够体现个性，个性又表现为形式的独特性，版面个性正是出版物内在个性的外在表现。设计师首先需要深入领会报纸的内容、价值、导向，将其贯穿于版式设计的始终，用个性化外观呈现信息的意义，用视觉形象正确引导读者。

该体育报纸的版面设计充分运用体育赛事的相关图片来使版面充满运动激情。退底处理的人物图片作为主体图形，在版面中显得非常突出，仿佛要冲出版面，给人以很强的视觉冲击力。而正文内容则围绕着运动人物图片进行排列，整个报纸版面既能体现体育运动的特点，又具有自己独特的个性，非常吸引人。

10.2.2 巧用图片

图片具有先声夺人的功效，信息传达生动、感性。在今天的读图时代，图片在报纸中的分量越来越重，在版式设计中巧妙地应用图片，会迅速抓住读者的注意力，激发阅读欲望。例如将主题图片放大、强化，可以增强版面的视觉冲击力，将图片进行特殊形式的组合，可以引发联想与关注。

该网球运动报纸版面将网球明星图片在水平位置依次排列，并且将中间的著名网球明星图片放至最大，形成鲜明的大小对比，非常能够吸引读者。版面的左下角和右上角位置使用背景色块来突出两部分正文内容。版面中运用了大小、位置、色彩等多种对比，使版面的表现效果非常突出，图片给读者很强的视觉冲击力，迅速抓住读者的注意力。

技巧

如果报纸版面中只有灰色的大片文字，难免单调，图片增加了变化，丰富了报纸的视觉效果。选择的图片一定要能够正确反映新闻内容和编辑思想，一张没有内涵的图片处理再妙也只是金玉其外、败絮其中，会误导读者。

图片是"诱饵"，巧用的目的是吸引读者去浏览整个版面。因此在强化视觉中心的同时，还必须考虑视觉平衡，主题图片要与其他图片相呼应，使版面主次分明、流畅易读、整体和谐。

该报纸版面巧妙地为正文内容搭配了相应的图片，并且图片的大小、位置不一，主次分明，给读者一种统一中又富有变化的感觉，并且图片能够有效地吸引读者关注，整个报纸版面呈现一种清新简约、整体和谐的视觉效果。

10.2.3 巧用线条

线条丰富多变、感性十足，具有多种功能和作用，是报纸版面常用的设计手段。线条有直线、曲线、花线、点线、网线等，其中直线又可以分为正线（细线）、反线（粗线）、双正线（两行细线）、双反线（两行粗线）、正反线等多种形式。

在报纸版式设计中，常使用线条来彰显主题、区分内容、增强表现力，引导读者阅读。具体的作用有以下几种。

■1 强调

借助线条使版面中的重要稿件突出，例如为某篇稿子添加边框，由于它与其他内容的处理不同，自然成为读者关注的重点。

■2 区分

使用线条将报纸版面中的不同内容划分开，方便读者阅读。

■3 统一

如果报纸版面中的几篇稿件内容相互关联，可以使用线条围边、勾边或以相同的线条装饰，使它们统一。一些专题、专栏使用该方法进行处理，可以有效区别于其他内容。

■4 表情

线条具有丰富的情感，直线简单大方，细线精致高雅，网线含蓄文雅，花线活泼热闹，曲线运动优美。将线条的特点与稿件内容巧妙结合，能增强版面的感染力、表现力，获得意想不到的效果。例如文化品位较高的文章可以使用大方单纯的直线，不宜使用花哨的线条装饰；政论性、批判性的文章庄重严肃，也不适合使用花边。

■5 扩展

有的稿件内容经典，是版面中必不可少的内容，但稿件篇幅短，版面占有量小，易产生不和谐的空白。为了使该稿件撑满一定的版面，可以使用线条加框处理，从而扩大空间。

该报纸版面使用较粗的线框将重点内容突出标识出来，使读者一眼就能注意到该版面中的重点内容。版面中其他不同主题的内容使用细线进行分割，层次清晰，富有条理。

该报纸版面同样使用较粗的黑色线框将重点的新闻内容以及相关图片标识出来，效果非常醒目、突出。其他部分的内容使用细线条进行分割，并用细线对分栏内容进行分割，使分栏更加清晰，便于读者阅读。

10.2.4 简洁易读

简洁、易读是现代报纸版式设计最为突出的特点。简洁体现了现代设计的外在特点，符合现代社会的生活节奏和审美观念；易读则体现了现代设计的内在特点，即从人的因素出发，为读者服务，体现人性化的特征。简洁的最终目的也是为了方便阅读，也就是说，形式必须服务于功能。

现代社会是信息爆炸的社会，是各种传媒竞争白热化的社会，而现代的读者是多元化的读者，是匆忙的读者。因此，当今报纸设计需要注意的一个重要问题，就是要使读者在尽可能短的时间内获得尽可能多的信息。现代报纸之所以要以简洁的形式服务于易读的功能，完全是为了适应社会的发展和读者的需要。

该体育运动版面运用了大量的留白，在版面上方放置主题图片，用图片来吸引读者的关注，下方为版面的正文内容，分为四栏进行介绍，中间穿插图片，版面的表现非常简洁、易读。

该报纸用背景颜色将版面分为上下两个部分，上面浅灰色背景部分为汽车介绍，运用自由排版方式，将退底处理的汽车图片与介绍文字进行混排，不同内容之间使用细线进行分割，版面表现非常自由，但却并不混乱。下半部分为正文内容，分为5栏进行排列，非常清晰。

10.3 报纸版式的视觉流程

要在最短的时间内把信息传达给读者，报纸版面必须具有一定的视觉冲击力和正确合理的视觉流程导向。报纸版式的视觉流程主要有以下几种类型。

1 线性视觉流程

主要借助线条向不同方向的牵引，似乎有一条清晰的运动脉络贯穿于版面的始终。

2 导向性视觉流程

用文字、手势等元素引导读者的视线按一定的方向运动，并且由大到小、由主及次，把版面中的各个构成要素依序串连起来，组成一个整体，形成具有活力、动感的流畅型视觉体验。

3 多向性视觉流程

是指与线性、导向性相反的视觉流程，它强调版面视觉的情感性、自由性和独特性，不被常规束缚，刻意追求一种新奇、刺激的视觉新语言。

4 反复视觉流程

将相同或相似的版面视觉要素重复、有规律地排列，使其产生有秩序的节奏和韵律，从而起到加速视觉流动的功能。

该报纸版面设计具有很好的视觉流程，每一部分内容都使用了相同的排列方式，相同的标题处理与文字大小，内容结构非常清晰、易读，具有很清晰的视觉流程。

该报纸版面将不同的内容分为三个部分，各部分之间使用细线进行分割，并且对段落的首字进行下沉处理，使得文章内容的区分非常明确，具有很好的视觉流程。

10.4 新闻报纸的版式设计

新闻报纸的内容以新闻实事为主，通常对该类报纸进行排版设计时常采用常规的编排方式，对正文内容进行分割处理，使正文内容清晰、有条理，便于读者的阅读，为了使版面不显得过于单调，还可以在分栏的基础上加以变化，使版面富于节奏感。

1 项目背景与文案

项目名称	新闻报纸版式设计
目标定位	向广大读者介绍最新的新闻资讯，使读者能够快速了解最新的新闻内容
项目资料	投放载体：大众型报纸　　　　版面尺寸：780mm×550mm 投放时间：短期使用　　　　　广告形式：报纸的发售
版面主题	通过图文相结合的方式介绍最新的新闻实事内容

2 素材分析

新闻报纸版面主要以介绍新闻内容为主，插穿搭配与该新闻相关的图片，使读者能够更加全面直观地了解该新闻，在设计过程中需要根据实际的案例来选择合适的设计元素进行版面的设计。

新闻图片

3 案例设计

（01）新闻类报纸版面通常以文字内容为主，设计师在排版过程中需要注意正文内容的清晰、易读，为读者提供一个良好的视觉流程。

（02）新闻类报纸版面通常都使用纯白色作为版面的背景主色调，搭配黑色的正文内容，使版面内容清晰、易读，为了使版面更具有活力，还可以从新闻图片中提取色彩作为新闻标题的色彩，切记不要使用过多的色彩，使版面显得杂乱而影响阅读。

（03）该新闻类报纸版面采用分栏的方式来安排正文内容，在分栏的基础上通过添加分割线使各新闻内容的划分非常明确、清晰。

案例分析

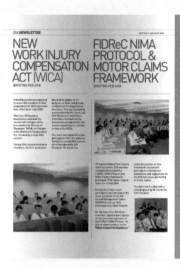

设计初稿

在该新闻报纸的版式设计中，报纸的版面平均分为两栏，每栏中介绍不同的内容，整个版面分栏清晰，但因为每栏的宽度相同，并且标题文字的大小也相同，所以无法突出表现版面中的重点新闻。

修改后的效果

在修改后的版面设计中，右侧版面的分栏进行了调整，右侧的栏更宽，关且为分栏添加分割线，左侧和右侧新闻标题使用了不同的字体大小，使得版面中的重点新闻更加突出，版面内容具有一定的层次感。

最终效果

在最终的报纸版面设计中，新闻标题中的关键词使用特殊的颜色进行了突出表现，使版面富于变化。右侧版面采用垂直分栏的方式分为两栏，而左侧版面采用水平分栏与垂分栏相结合的方式，使得版面在整齐中又富有变化，给人一种整齐、均衡的感觉。

10

报纸的版式设计

10.5 汽车报纸的版式设计

汽车报纸的版式设计除了保证版面内容的清晰、易读外，通常还需要为读者带来汽车的动感和时代感。本实例设计的汽车报纸版面主要介绍了古董车相关的信息内容，所以该报纸版面使用泛黄的牛皮纸图片作为该版面的背景素材，使整个版面呈现一种复古的氛围。

1 项目背景与文案

项目名称	汽车报纸版式设计
目标定位	向广大读者介绍古董车的相关资讯，使读者对古董车有更多的了解和认识
项目资料	投放载体：大众型报纸　　　　版面尺寸：400mm×550mm 投放时间：短期使用　　　　　广告形式：报纸的发售
版面主题	"morgan：我最古典"是该汽车报纸版面的主题，该版面中的文章内容都是围绕着morgan品牌的古董车进行介绍

2 素材分析

根据该版面的设计主题，选择泛黄的牛皮纸素材图片作为版面的背景，营造出古朴的氛围，在版面中搭配了要介绍的古董车各个时期的不同图片，使读者对该古董车有更好的认识和了解。

背景素材

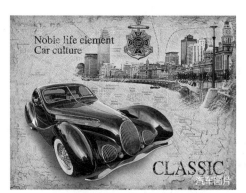
汽车图片

汽车图片

汽车图片

汽车图片

汽车图片

3 案例设计

（01）汽车类报纸版面中可能会有较多的汽车图片，在版面设计中需要合理地对图片进行排版处理，做到突出重点，还需要保证版面中的文字内容清晰、易读。

（02）本实例中的汽车类报纸版面为了配合古董车主题，使用纯度较低的土黄色作为背景主色调，在版面中搭配黑色的文字，渲染出一种古朴的氛围。

（03）本实例并没有使用个性化的版面构图方式，而是采用了常规的分栏构图，但是在分栏的过程中局部富于变化，使版面的层次结构清晰，效果突出。

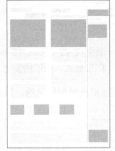

设计初稿

该汽车报纸的版式设计中，版面内容分为三栏，其中左侧两栏中的主体内容采用相同的排版方式，标题字体大小相同，图片大小相同，整体让人感觉没有重点，不同文章的比重相似，整个版面缺乏重心。

修改后的效果

修改后的版面同样保持了三栏的布局结构，在各分栏之间添加了分栏线，使得各文章之间的分割非常清晰。将图片调整至版底位置，使得版面更加整齐，但是，版面中的文章标题与图片大小相同，整个版面依然缺乏重心。

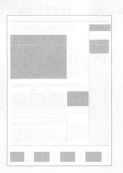

最终效果

在最终的报纸版面设计中，版面整体划分为两栏，左侧为主体内容，重要的文章排列在最上方，使用大标题和大图片的方式进行展现，非常醒目，接下来依次对其他文章进行排版，在局部使用分栏并添加分栏线，使得版面的分栏结构富于变化。各文章的标题大小不一，有效地突出了版面中的重点文章。整个版面整齐有序，重点突出。

10 报纸的版式设计

263

10.6 旅游报纸的版式设计

报纸版面的设计需要在最短的时间内把版面信息传达给读者，版面设计需要具有一定的视觉冲击力和正确合理的视觉流程导向。在旅游报纸版式设计中，可以采用自由、活泼的版式设计，用优美的风景图片来吸引读者的关注。

1 项目背景与文案

项目名称	旅游报纸版式设计
目标定位	向广大读者展示旅游景点的特色，使人身临其境，产生共鸣。令读者感觉即使足不出户，也能跟随这篇报道畅游一番
项目资料	投放载体：大众型报纸　　　　　版面尺寸：390mm×540mm 投放时间：短期使用　　　　　　广告形式：报纸的发售
版面主题	"澳洲漫游记之悉尼之夜"是该报纸版面的主题，版面内容围绕该主题介绍了悉尼的相关景色和特色

2 素材分析

根据旅游类报纸版面的编排特点，选择具有代表性的景点图片作为版面的主要素材，穿插少量与景点相关的其他特色图片，根据实际的设计案例选择合适的设计元素进行报纸版面的设计。

主风景图片

辅助风景图片

3 案例设计

（01）旅游类报纸版面设计通常会以大幅的风景图片来吸引读者，这时需要注意一定要选择清晰度高、具有代表性的景点图片。

（02）旅游报纸版面中会编排相应的风景图片，所以版面中其他元素的色彩应该简单、统一，从而有效突出风景图片的效果。

（03）该旅游报纸版面以当地景点的图片作为主要素材，充分展示其醉人的景色。运用一张大图作为主要的展示，其余的小图以辅助展示细节的方式来编排。

设计初稿

在该旅游报纸版式设计中，版面中的图片尺寸差别不大，对比不够强烈，因此重点不突出。标题的英文字体选择了严肃的黑体，不符合旅游悠闲的感觉。整个版面的设计让人感觉乏味、平淡、缺乏感染力。

修改后的效果

修改后的旅游报纸版式将顶部的风景图像放大，美丽的景色十分引人注目。将标题叠加在图片之上，图文融合，但标题文字显得比较单调，没有特点。下方的小图成排放置在两边，形成两个竖条，视觉效果不是很好，整个版面让人感觉比较奇怪。

最终效果

最终的版式设计将标题文字换成罗马字体，曲线感符合夜景的浪漫。将文字放置在图片中的水面部分，并不影响图片的效果，并且具有很好的识别性，形成一定的空间感。细节小图运用横向编排的方式，给人宁静稳定的感觉。辅助性文字添加了浅蓝色的背景色，削弱了白底黑字的单调感，丰富了版面效果，并且能够与顶部的大图形成呼应。

10 报纸的版式设计

10.7 优秀作品赏析

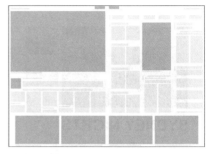

该新闻资讯类报纸版面主要介绍了一个新闻，在版面左上角放置大幅的新闻图片，下面使用加粗的大号字体来表现新闻标题，再下面则使用分栏方式来放置正文内容，版面的最下方是相关的新闻图片，横跨左右版面，使左右版面形成一个整体，整个报纸版面整齐有序、直观清晰。

该综合类报纸房地产版面使用满版的黑白大楼图片作为背景，贴近版面主题。在图片中使用不规则的黄色背景来突出正文内容，对比强烈。

该综合类报纸房地产版面，上方排列相应的介绍内容，下面使用卡通图形结合较粗的线框将相关的介绍内容整合在一起，线框中对介绍内容进行分栏，版面设计生动、形象。

该体育运动报纸版面使用网球明星的卡通形象突出版面主题，使版面具有一定的趣味性。在版面上方使用大号字体来表现标题，正文内容采用分栏的方式放置在版面的左侧，而右侧用圆形图片来表现该网球明星的各精彩瞬间，整个版面活泼、轻松。

该综合类报纸社会版面以不同种族、职业、性别的人物图片作为主要素材，从不同角度分析人们对社会事件的看法。整个版面主次分明、严谨理性。

该综合类报纸民生版面介绍了两个重要的新闻，文章的主标题使用粗笔画的黑体字，稳重严肃，正文则使用了最小的字号，信息层次清晰，阅读起来非常流畅。

10.8 本章小结

　　近年来，报纸版式设计不断创新，突出的大标题、醒目的大照片、饱含活力的破栏、错样等处理方式层出不穷，设计者调动丰富的版式语言，别出心裁的形式令人耳目一新。本章详细向读者介绍了报纸版式设计的相关知识，读者需要理解报纸版式设计的要点，并能够在报纸设计过程中充分运用所学，设计出完美的报纸版式。

第11章

书籍的版式设计

书籍装帧设计是指书籍的整体设计，它包含的内容很多，主要包括封面和内页两大部分，封面与内页的版式编排方式有很大的不同。书籍装帧是将书稿变为书籍的艺术创作过程，与其他平面设计在功能、形式上有较大的区别，它集印刷、编辑、排版与设计为一体。

11.1 了解书籍装帧的版式设计

书籍装帧的版式设计是在一定开本上，对原稿的主题、结构、内容、文字、插图做合理的规划和编排，将内容以章节分明、层次清晰、节奏舒适、和谐美好的形态展现，形成最佳效果，给予读者视觉和精神的双重享受。

11.1.1 书籍类型及版面构成

书籍装帧有平装和精装两种，精装书除有硬封面外，还有护封、环衬、扉页、前言、目录、正文、后记、插图和版权页，这些都是版面构成中必不可少的因素。

开本设计是版面设计的第一步，开本是指书籍的大小、形态。开本的绝对值越大，书的实际尺寸越小。如 32 开的书和 16 开的书相比，32 开的书的实际尺寸要比 16 开的小。不同的开本给读者的感觉是不同的，32 开或 16 开书籍的"黄金比"差不多，所以看起来比较舒适。

开本设计根据书籍内容、使用、读者三因素来决定。杂志出版快，使用周期短，方便随处翻阅，一般为 16 开、24 开、32 开软面平装；图片画册精美高档，视觉效果完整，具有收藏价值，常用 6 开、8 开、12 开、大 16 开等大型开本，也有用 20 开、24 开、40 开的，多采用硬面精包装；学术理论、经典书籍严谨庄重，适合案头翻阅，可以使用 32 开或大 32 开；小字典信息量大，易于携带，一般小于 32 开；诗集浪漫却抽象、富于幻想，可以使用狭长的小开本；儿童书籍小巧、有趣、易翻，多用 20 开、24 开、64 开；中小学教材、通信读物适合书包容纳和存放，32 开为宜；大专院校教材、科技图书的文字、图片量大，宜使用 16 开。

11.1.2 书籍装帧的设计流程

书籍装帧设计是一项较为复杂的工作，其程序繁多，大致可以分为以下几个步骤。

▌1 确定基调

首先需要确定整本书的基调。设计者应深刻理解主题，找到表现的重点，以确定基调。

▌2 分解信息

使主题内容变得条理化、逻辑化，寻找内在的关系。

▌3 确定符号

把握贯穿全书的视觉信息符号，可以是图像、文字、色彩、结构、阅读方式、材质工艺等，全书需要统一。

▌4 确定形式

创造适合表达主题的最佳形式，按照不同的内容赋予其合适的外观。

▌5 语言表达

信息逻辑、图文符号、构架、材质、翻阅顺序等都是书籍的设计语言。

▌6 具体设计

将书籍的主题、形式、材质、工艺等进行综合整理，通过具体的设计，将心中的书籍物化。

▌7 阅读体验

阅读整个设计稿，从整体性、可视性、可读性、归属性、愉悦性、创造型六个方面去体验。

▌8 美化版面

通过书籍设计使版面美化，使书稿展现出更加丰富的内容，并以易于阅读、赏心悦目的方式传达给读者。

11.1.3 书籍装帧的设计特点

可读性和流畅性是书籍装帧的基本要求，也是书籍装帧设计的出发点和终点。利用艺术语汇来提高读者的兴趣，可以通过字体、版面、插图、扉页、封面、护封、色彩和造型等共同完成。

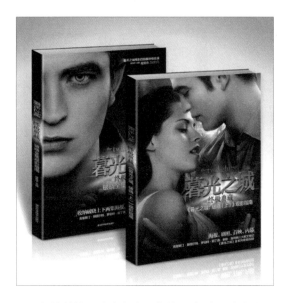

书籍装帧设计也有它具体的要求，主要包括以下几个方面。

1 合理表达

恰当有效地表达书籍的内容，设计者应该在开始阶段就尽可能了解书籍的整体内容、作者的意图和读者范围，要求设计与书籍内容、种类以及写作风格相吻合。

2 综合考虑

应该考虑到读者的年龄、职业、文化水平、民族、地域等诸多因素，需要考虑到使用方便，照顾人们的审美水平和阅读习惯。

3 艺术特色

好的书籍必须在艺术设计与制作工艺上都有很高的质量，不仅要提倡有时代特色的书籍设计，还要有民族特色的书籍风格设计。

4 体现五美

好的书籍要做到五美，即视觉美、触觉美、阅读美、听觉美和嗅觉美。

11.2 书籍装帧版面构成

书籍是传播知识文化的特殊商品，书籍装帧要既能方便阅读，又能保护、宣传书籍。书籍装帧的设计有广告性，又有书卷气，有引人注目的效果，又要符合内容实际、处理细腻有序，能捧在手中细细品味。

11.2.1 书籍装帧的设计方法

书籍装帧设计前应该充分了解书的主题、内容、情节、读者、作者等，并根据相关信息进行设计定位，确定版面的形式语言和风格，选择要突出的图片或文字，或图文结合，表现出或时尚前卫、稚嫩活泼，或古雅深沉等不同的风格。

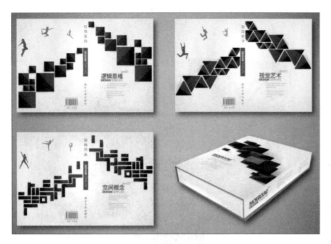 

准确地把握书籍的内涵，提取主要内容，是书籍护封和封面设计的良好开端。设计者还要考虑书籍的类型，如儿童读物、休闲小说，浪漫武侠、古典诗歌或严肃的科学论文等，它们都有固定的表现形式。

技巧

书籍设计者都有自己的爱好，书籍设计免不了受到设计者的影响。所以设计者在设计时不仅要考虑自己的感受还要考虑到读者，书籍设计者必须尽可能创造出一个优美、合理的视觉空间形式，尽可能与读者交流和沟通，取得共识。

在构图时尤其要注意文字（书名、出版社、作者）的安排，书籍封面的设计必须以书名为主，其他的一切都是为书名服务的。可以采用重复构图、对称构图、均衡构图、三角构图、圆形构图、L形构图等形式，也可以采用"点""线""面"的构成来表现书籍的个性。

书名是封面的重心，文字便显得重要。文字的风格要由文字的结构、笔画、骨架、大小等来表现。好的文字有说服力，书名字体的设计代表着书的内涵，应该让读者慢慢体会。

在护封、封面的设计中，色彩的运用是相当重要的，设计师可以利用自己的审美经验，利用色彩的魅力，从心理上和生理上让读者产生共鸣。需要考虑的要素有：色彩的面积、色彩的纯度、色彩的明度、色彩的冷暖等。

书脊的设计以能清晰识别为原则，书名也是书脊的主角。但是书名的大小受书脊厚度的严格制约，较厚的书脊可以有更精美的设计和更多的装饰。精美的书脊能引起读者的注意。

封底的设计应该以简洁为原则，不能喧宾夺主，它主要起辅助作用。封面为主，封底为辅，有主有次，才能表现出和谐有序的美感。

11.2.2 两种不同的书籍版面

书籍的样式种类丰富，大部分都是以文字为主要的编排元素。书籍设计是包含了开本、字体、版面、插图、封面，以及纸张、印刷、装订和材料的艺术设计。正文内容是书籍的核心，好的书籍正文版式能够便于阅读，帮助读者理解书籍的内容，使读者产生愉悦感。

版面设计的不同处理，能构成不同的版面风格，目前基本上可以分为两大类。

第一类是有边的版面，又叫传统版面。这是一种以订口为中心，左右两边对称的形式，文字的上下、左右都有一定的限制。一旦决定用这个形式，就必须按照这个形式来设计。版心的大小要按照实际情况来制定，一般书籍的版心与整个版面的比例为 2:3。一般书籍的阅读方向是从左至右，从上至下，而且一般上面的白边大于下面的白边，外面的白边大于里面，使视线集中。西方的书籍则是整个版心偏上，上面的白边大于下面。

第二类是无边版面，又称为自由版面，它没有固定的格式和版心，就是所谓的满版，没有白边。它的构成方式比较活泼，比较适合画册、摄影集或以图片为主的书籍。

11.2.3 书籍的构图方式

书籍设计是指书籍的整体设计，包括封面、扉页、目录、正文、插图等诸多内容，其中，封面是主体设计要素，是整个书籍装帧设计艺术的"门面"。

　　书籍封面通常以书名的文字为主，多使用居中编排，字体较为醒目。配合书籍的主要内容，常搭配整体感较强的背景图片。

　　书籍的内页构图则以网格编排为主，根据不同的风格定位，对栏数、图像、字体等元素进行灵活编排，使整体在统一中富有变化，从而维持读者的阅读兴趣。

11.2.4　书籍的视觉流程

　　书籍的视觉流程主要包括封面和内页的视觉流程。

　　封面设计是书籍的"门面"，又是书籍展示自身形象和风貌的窗口，读者对书的第一视觉印象即来自封面。因此设计师要以视觉冲击力较强的封面使之从众多的竞争者中脱颖而出，吸引读者的目光。通常以精彩的图片作为封面的主要视觉元素，配合醒目的书名，书名一般放置在版面的左上角，属于视觉重心。

　　内页的视觉流程则大多以标题、图片、正文、注解的基本顺序来编排，版式明快、色彩跳跃、文字流畅、设计精美是成功的内页设计的共同特点。

11.3　书籍装帧设计原则

　　书籍装帧设计的原则主要可以分为以下几个方面。

1 整体性

　　书籍装帧设计的工艺手段包括纸张的裁切工艺、印刷工艺和装订工艺。为了保证这一系列工艺的合理实施，必须预先制订计划，包括开本的大小、纸张、封面材料、印刷方式和装订方式等，这些都属于书籍的整体设计。设计者不能局限于封面设计的形式，也要重视图书的整体内容、种类和写作风格等。

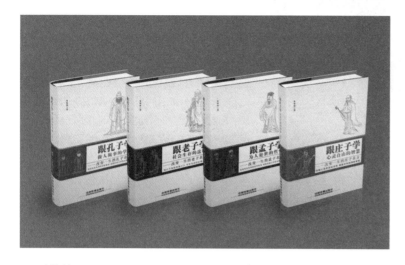

该系列图书根据图书的主题内容，用传统的花纹背景搭配简约的传统线描人物肖像，表现出古典风格，与图书的主题相统一。该系列图书的装帧设计采用了相同的设计风格。每本图书都使用了不同的主色调，与不同的主体图形设计，但系列图书又保持了统一的设计风格，保持了整体的统一性。

2 时代性

审美意识不是一成不变的，它随着时代的变化发展而发展，具有时代特征。设计者应该走在生活的前面，创造引领生活潮流的新的视觉形象。随着技术的发展，书籍设计对工艺流程和技术的要求越来越高，新工艺和新技术成为书籍形态设计的新手段，可以有效地延伸和扩展设计者的艺术构思，在传统和当代的设计成果基础上，大胆地创新，不断地采用新材料、新的工艺手段，展现出新的时代特征。

该时尚图书手册的版式设计具有很强的现代感和时尚感，设计者大胆采用黑白图片与自由的排版方式，运用大量留白，给读者带来很强的时尚感。

3 独特性

信息社会带来了全新的社会形态，市场经济的导入，使得书籍的竞争日益激烈。能否在市场竞争中取胜，书籍的外貌起着相当重要的地位。有些书籍在设计形式、印刷工艺上都看不出什么毛病，但就是不能引起读者的兴趣。所以在设计时不仅要采用超常规的思维、色彩和图形，还要用新颖的文字编排、特殊的材料等吸引读者。好的书籍装帧设计不仅是设计师充满个性的创造，而且是设计师在个性和审美中找到的精华。

该设计类书籍内页版式设计非常新颖独特，多种不同色彩的矩形色块与图片相互拼接，给人很强烈的视觉感受，版面中的内容根据色块的位置进行不规则摆放，自由无拘束，但每部分的条理又非常清晰，整个版面给人强烈的艺术感和设计感，具有独特的个性与创意。

11.4 现代小说装帧版式设计

封面是书籍装帧的"门面"，它通过艺术形象设计来反映书籍的内容。如今图书的种类繁多，书籍的封面装帧设计起到了一个无声的推销员的作用，它的好坏会直接影响人们的购买欲望。

1 项目背景与文案

项目名称	现代小说设计	
目标定位	向读者展示该小说的情感以及重点故事内容，使读者能够对该图书产生浓厚的兴趣	
项目资料	投放载体：现代小说 投放时间：长期使用	版面尺寸：515mm×240mm 广告形式：图书发售
版面主题	"寻找一份真正的爱情"为该现代小说的标题，在该书装帧设计中围绕该主题展开相应的内容设计	

2 素材分析

该现代小说装帧版式设计运用城市大楼的素材图片体现该小说故事发生的场景，并添加花朵图像，进行合成处理，使版面表现出柔美的风格，迎合了女性读者。

城市素材

花朵素材

辅助素材

3 案例设计

（01）现代小说版式设计最重要的是通过对图片素材的处理，使封面表现出较强的视觉冲击力，从而更好地吸引读者。

（02）该现代小说装帧设计以橙色作为主色调，使整个版面表现出温暖、温馨的感觉，色彩搭配以暖色系为主，暖色系色彩能够给人带来舒适、安心的感受。

（03）该现代小说装帧设计将封面、封底、书脊作为一个整体进行设计，将素材图片与背景渐变颜色进行叠加处理，使版面背景的融合更加突出。内容排版是设计的重点，通过对文字内容的错落摆放，表现出版面的层次感和节奏感。

案例分析

设计初稿

在该现代小说装帧版式设计中，书籍封面、封底和书脊被处理为一个整体背景，给人很强的整体感和视觉冲击力。书籍封面中将书名以大号字体放置在版面上方，而介绍内容放置在版面靠下的位置并搭配背景色，整体表现让人感觉粗糙、不够协调。

修改后的效果

修改后的版面将标题文字修改为竖排，但文字效果统一，让人感觉过于单调、没有设计感。版面中的介绍内容同样修改为竖排效果，垂直贯穿整个版面，整体表现过于规矩、死板，无法体现出小说本身的个性。并且版面色调比较统一，无法表现出视觉重点。

最终效果

最终的版面设计依然采用了竖排的方式，对小说标题进行调整，使标题文字大小不一、错落有致，看起来更有层次感。版面中的介绍文字经过倾斜处理，并且背景色改为绿色，与橙色的背景图片形成对比，很好地突出了介绍内容。整个书籍装帧给人时尚、动感、活泼的印象，整体主次分明、流程清晰。

11.5 生活类书籍装帧版式设计

书籍装帧设计是立体的，也是平面的，这种立体是由许多个平面组成的，外表上能看到封面、封底和书脊三个面，而且由外及里，随着人的视觉移动，每一页都是平面的，所有这些平面都要进行装帧设计，给人以美的感受。

1 项目背景与文案

项目名称	生活类书籍装帧版式设计
目标定位	在爱情和婚姻生活中，人们总是会遇到许多困扰，本书将向广大刚进入婚姻状态的年轻朋友传授相处之道
项目资料	投放载体：大众书籍　　　　　版面尺寸：400mm×260mm 投放时间：长期使用　　　　　广告形式：图书发售
版面主题	"聪明太太带你'玩转'婚姻"为图书的主题，为"玩转"两字添加引号，一是起到突出的作用，二是起到引申含义的作用，版面主题风趣，给人留下深刻印象

2 素材分析

该生活书籍的主题内容与婚姻生活有关，所以选择穿婚纱礼服的插画人物作为版面的主要素材，从而突出主题。在设计过程中还可以根据实际需要选择合适的设计元素进行版面设计。

插画人物素材

插画人物素材

3 案例设计

（01）生活类书籍涵盖的范围比较广，书籍装帧版式设计之前一定要首先明确该书的主题内容，根据主题内容选择合适的素材进行设计。本书是一本有关婚姻生活的书，所以选择穿婚纱礼服的插画人物作为设计素材，与该书的主题相吻合。

（02）本实例中的书主要面向年轻的女性读者，所以使用粉红色和白色作为版面的主色调，给人一种浪漫、美好、纯洁的印象。

（03）在该书的装帧设计中，重点在于如何突出表现图书的主题，也就是如何使图书名称更加突出和吸引读者。本实例采用自由的版式设计风格，通过对主题文字进行处理，给读者一种自由、舒适的感受。

案例分析

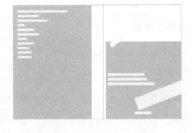

设计初稿

该版面使用粗体大号文字在版面上方放置书的名字，字体过粗无法体现出女性细腻、精致的感觉。版面中其他文字的排列过于松散，整体空旷单调，整体感较差。

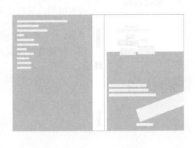

修改后的效果

修改后的版面重点对书的标题文字进行了处理，使用比较纤细的字体来表现图书标题，并且字体的大小不一，配合图形的设计，使书名的设计更加精致，但版面下方的介绍内容还是比较混乱，缺乏设计感。

最终效果

在最终的版面设计中，书名进行了整体倾斜处理，为版面带来活泼与动感，在版面底部设计带有花边的背景色块，将介绍文字放置在该色块上，使版面底部具有一定的整体感，整个版面给人轻松、自由的感觉。

11.6 旅游图书内页版式设计

图书内页的版式设计需要根据图书的类型来选择合适的表现形式，如果是以文字内容为主的图书，内页版式应尽量简洁，文字排版整齐，内容清晰易读；如果是以图片内容为主的图书，则更倾向于画册的版面设计风格。旅游图书属于休闲类读物，因此在版面设计中应该以轻松、活泼为主要风格。

1 项目背景与文案

项目名称	旅游图书内页版式设计	
目标定位	向游客介绍景点的特色及旅游攻略，让游客对景点产生更深刻的认识。通过对当地各方面情况的介绍使旅游过程更加顺利	
项目资料	投放载体：旅游图书 投放时间：长期使用	版面尺寸：210mm×291mm 广告形式：手册派发
版面主题	"第2天 库兰达镇"，该内页版面着重介绍了行程第2天的旅游景点，对该景点的相关情况进行介绍，使读者对该景点有所了解	

2 素材分析

根据旅游图书的特征，选择当地的实景图片作为主要图片素材，配合与文字对应的图片，根据实际的设计案例选择合适的设计元素进行版面设计。

自然风景图片

辅助风景图片

③ 案例设计

（01）旅游图书的版式设计通常以旅游景点的实景图片作为主要素材，充分展示出旅游景点的优美景色，加强读者的印象。

（02）在旅游图书的内页版式设计中，会使用到较多的景点实拍照片，所以除照片本身的色彩之外，版面中应该尽量少使用其他的色彩，从而保持版面的纯粹感。

（03）在本案例使用大幅旅游景点全景图片作为跨页的满版背景，使读者仿佛置身于该旅游景点中。使用半透明的蓝色背景色块来表现正文内容，既不会破坏背景图片又能很好地表现正文内容，版面整体感很强，版面内容清晰、易读。

案例分析

第2天　库兰达镇

凯恩斯地处热带，风景优美，置身其中仿若世外桃源，游览土著人聚居的库兰达镇,参观热带雨林区，探索大自然的奥秘,沐浴在森林的清新之中。还可以搭乘二战后遗留的水陆两用战车ARMDUCK过山丘涉溪水,欣赏热带雨林特有的动植物,欣赏土著的歌舞表演。

设计初稿

在该旅游图书内页版式设计中，左页中放置了一张大的矩形景点图片，右页上方放置多张小的矩形景点图片，下方放置正文内容。右页上方的图片会对下方的文字造成压迫感，无法表现出度假的轻松感，并且版面四周有一定的留白，使得版面内容看起来过于松散。

修改后的效果

修改后的版面设计，将左页的图片延展到右页，整体感增强，但是处理得比较生硬。将一级标题放大，放置到图片上反白显示，将小的矩形景点图片放置到正文内容的下方，版面的整体性增强，但正文内容部分过于拥挤。

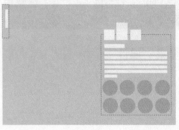

最终效果

最终的版面设计将景点风景图片作为版面的跨页满版背景，给人很强的视觉冲击力，正文部分用蓝色半透明的背景进行表现，并且将一级标题跨背景放置，介绍景点的小图片处理为圆形，加强了图文联系，整体层次分明，给人一种轻松、舒适的视觉感受。

11.7 优秀作品赏析

该电影原画图册使用黑色作为背景主色调，在封面中间位置放置主题图形，给人很强的视觉冲击力。版面上方使用古老的卷轴背景来辅助标题文字的表现，使版面表现古老、神秘，整个版面给人一种惊险、刺激，想要展开冒险的感觉。

书籍的封面设计需要书名设计得精美，画面简洁、主体清晰。该封面通过更改字体的垂直缩放比例，使版面有一种气氛和意境。在版面内容的安排上做到主次分明，并通过简单图形的添加丰富了表现效果。

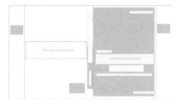

在该小说装帧设计中，黑色的背景营造出一种神秘的效果，黑色和暗红色的对比将图书主题展现得非常到位，版面中的文字内容排版整齐、简洁，主题突出。

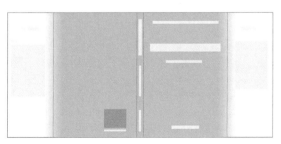

该科普类书籍装帧设计中，书籍封面、封底和书脊作为一个整体，使用星空、地球等图像进行合成处理，作为背景图片，通过图片展现出宇宙的无穷感，搭配黑色的背景色，更加突出了宇宙的神秘。图片的表现效果正好与该书的主题相吻合。在版面中搭配白色的文字，清晰易读。

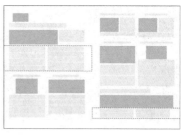

该汽车资讯图书内页采用图文相结合的方式来
介绍相关内容，版面中的每一部分都用线条或
背景色进行划分，使得版面条理清晰、层次分明，
不同的图片与文字搭配方式又使版面具有活力。

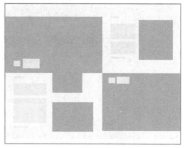

该旅游手册内页以风景图片为主，将风景图
片按对角线进行放置，形成对称的版面结构，
其他小图片与文字内容混排，小图片也可以
叠加在大图片上，并且图片上的文字采用手
写字体，使整个版面显得轻松、舒适，但又
有对称的版面结构。

11.8 本章小结

　　文字、图像、色彩和构图是书籍装帧设计中最重要的 4 个因素，好的书籍装帧既能体现书的内容、性质，
给读者以美的享受，又能够起到保护书的作用。本章向读者介绍了有关书籍装帧版式设计的知识，使读者对书
籍装帧设计有更加深入的理解，能更好地对图书版式进行设计。

第12章
网页的版式设计

网页的布局结构与版式的设计十分重要，根据网页的不同性质规划不同的布局结构，不但能够改变整个网页的视觉效果，还能够加深浏览者对该网页的第一印象，使得网页的宣传力度在无形之中增强了很多。本章将向读者介绍网页版式设计的相关知识，帮助读者掌握网页版式设计的要点。

12.1 了解网页版式设计

网页的版式设计是指将各个构成元素，比如文字、图形图像、表格菜单等在网页浏览器中进行规则、有效的排版，并从整体上调整好各个部分的分布与排列。在对网页版面进行设计时，需要充分并有效地对有限的空间进行合理布局，从而制作出更好的页面。

12.1.1 网页版式设计的目的

在网页版式设计中，信息架构好比是超市里各种商品的摆放方式，我们经常按照不同的种类、价位将琳琅满目的商品进行摆放，这种商品摆放方式有助于消费者方便、快捷地选购自己想要的商品，另外这种整齐的商品摆放方式还能给消费者带来强烈的视觉冲击，激发消费者的购买欲望。

相同的道理，信息架构的原则标准和目的大致可以分为两类：一种是对信息进行分类，使其系统化、结构化，类似于按照种类和价位来区分商品一样，便于浏览者简捷、快速地了解各种信息；另一种是重要的信息优先提供，也就是说按照不同的时期着重提供可以吸引浏览者注意力的信息，从而引起浏览者的关注。

12.1.2 常见的网页版式布局

在设计网页时，需要从整体上把握好各种要素的排版布局，只有充分利用、有效分割有限的页面空间、创造出新的空间，并使其合理分布，才能设计出好的网页版面。设计网页版面时需要根据不同的网站性质和页面内容选择合适的布局形式，本节将介绍一些常见的网页版式布局方式。

1 国字型

这种版式布局方式是网页上使用最多的一种结构类型，是综合性网站常用的版式，即最上面是网站的标题以及横幅广告条，接下来是网站的主要内容，左右分列小条内容，通常情况下左边是主菜单，右面放友情链接等次要内容，中间是主要内容，与左右一起罗列到底。最底端是网站的基本信息、联系方式、版权声明等。这种版面的优点是页面充实、内容丰富、信息量大，缺点是页面拥挤、不够灵活。

② 拐角型

　　拐角型，又称丁字型版式布局，这种结构和上一种只有形式上的区别，其实是很相近的，就是网页上边和左右两边相结合的布局。通常右边为主要内容，比例较大。在实际运用中还可以改变丁布局的形式，如采用左右两栏式布局，一半是正文，另一半是形象的图像或导航栏。这种版面的优点是页面结构清晰、主次分明、易于使用，缺点是规矩呆板，如果细节色彩上不到位，很容易使浏览者感到乏味。

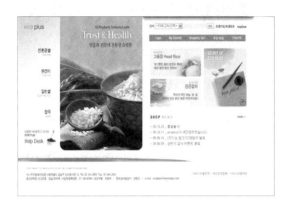

③ 标题正文型

　　标题正文型即上面是网页标题或者类似的内容，下面是网页正文，一些文章页面或者注册页面等就是这种类型的网页。

④ 左右分割型

　　这是一种左右分割的网页版式布局结构，一般左侧为导航链接，有时最上面会有一个小的标题或标志，右侧为网页正文内容。这种类型的网页布局结构清晰、一目了然。

5 上下分割型

与左右分割的版式布局结构类似，区别仅在于这是一种上下分割的网页版式布局结构，采用这种结构的网页，通常上面放置的是网页的标志和导航菜单，下面放置网页的正文内容。

6 综合型

该版式布局方式是将左右分割型与上下分割型相结合的网页排版布局方式，是相对复杂的一种布局方式。

7 封面型

这种类型基本出现在一些网站的首页，大部分会用一些精美的平面设计结合一些小动画，放上几个简单的链接或者仅是一个"进入"的链接，甚至会直接在首页的图片上做链接，而没有任何注释。这种类型大部分用于企业网站和个人网站的首页，看起来赏心悦目。

12.1.3 网页版式设计原则

网页版式设计的原则包括协调、一致、流动、均衡、强调等。

协调

是指将网页中的每一个构成要素有效地结合或者联系起来，给浏览者一个既美观又实用的网页版面。

一致

是指网站整个页面要保持统一的风格，使其在视觉上整齐、一致。

流动

是指网页版式的设计能让浏览者凭着自己的感觉浏览，并且浏览者能够根据兴趣前往其他感兴趣的页面。

均衡

是指将页面中的每个要素有序地排列，保持页面的稳定性，适当加强页面的实用性。

强调

是指在不影响整体设计的情况下，用色彩搭配或者留白的方式把想要突出展示的内容最大限度地展现出来。

另外，在进行网页版式设计时，需要考虑到网页版面的醒目性、创造性、造型性、可读性和明快性等因素。

醒目性

是指把浏览者的注意力吸引到该网页版面上，并引导其查看该页面中的某部分内容。

创造性

是指让网页版面更加富有创造力和独特的个性。

造型性

是指使网页版面在整体外观上保持平衡和稳定。

可读性

是指网站中的信息内容词语简洁、易懂。

明快性

是指网页版面能够准确、快捷地传达页面中的信息内容。

12.2 网页版面构成元素

与传统媒体不同，网页版面中除了文字和图像以外，还包含动画、声音和视频等新兴多媒体元素，更有由代码语言编程实现的各种交互式效果，这极大地增加了网页版面的生动性和复杂性，同时也使网页设计者需要更多考虑页面元素的布局和优化。

12.2.1 文字

文字元素是信息传达的主体部分，网页从最初的纯文字版面发展至今，文字仍是其他任何元素无法取代的重要部分。首先文字信息符合人类的阅读习惯，其次文字占据的存储空间很少，节省了下载和浏览的时间。

网页中的文字主要包括标题、信息、文字链接等几种主要形式，标题是内容的简要说明，一般比较醒目，应该优先编排。文字作为占据页面主要篇幅的元素，同时又是信息的重要载体，它的字体、大小、颜色和排列对页面整体设计影响极大，应该多花心思去处理。

12.2.2 图形符号

图形符号是视觉信息的载体，通过精练的形象代表某一事物，表达一定的含义。图形符号在网页版面设计中可以有多种表现形式，可以是点，也可以是线、色块或是页面中的一个圆角处理等。

12.2.3 图像

　　图像在网页版面设计中有多种形式，图像具有比文字和图形符号更强烈和直观的视觉表现效果。图像受指定信息与目的的约束，但在表现手法、工具和技巧方面具有比较高的自由度，可以产生无限的可能。网页版式设计中的图像处理往往是网页创意的集中体现，图像应该根据要传达的信息和受众群体来选择。

12.2.4 多媒体

　　网页构成中的多媒体元素主要包括动画、声音和视频，这些是网页版面中最吸引人的元素，但网页版面还是应该坚持以内容为主，任何技术和应用都应该以信息的更好传达为中心，不能一味地追求视觉化的效果。

12.2.5 色彩

　　色彩的选择取决于"视觉感受"，例如，与儿童相关的网站可以使用绿色、黄色或蓝色等一些鲜亮的颜色，让人感觉活泼、快乐、有趣、生气勃勃；与爱情交友相关的网站可以使用粉红色、淡紫色和桃红色等，让人感觉柔和、典雅；与手机数码相关的网站可以使用蓝色、紫色、灰色等体现时尚感的颜色，让人感觉时尚、大方、具有时代感。

技巧

网页中的配色可以为浏览者带来不同的视觉和心理感受，它不像文字、图像和多媒体元素那样直观、形象，它需要设计师凭借良好的色彩基础，根据一定的配色标准，反复试验才能够确定。有时候，错误的配色往往会影响整个页面的设计效果，而如果色彩使用得恰到好处，也会得到意想不到的良好效果。

12.3 网页版式设计构成

平面构成的原理已经广泛应用于不同的设计领域，网页版式设计领域也不例外。在设计网站版式时，运用平面构成原理能够使网页效果更加丰富。

12.3.1 分割构成

在平面构成中，把整体分成部分，叫作分割。日常生活中这种现象随处可见，如房屋的吊顶、地板都构成了分割。下面介绍几种网页中常见的分割方法。

1 等形分割

这种分割方法要求分出的形状完全一致，如果分割后再把分割界线加以处理，会有良好的效果。

该时尚网页将页面等比例分割成多个垂直的矩形块，在最左侧的矩形块中放置网页的 Logo 与导航菜单，其他各矩形块分别放置产品宣传广告图片，使内容表现清晰、直观，各产品的区分非常明显。

2 自由分割

该分割方法是不规则的，是将画面自由分割的方法，不同于规则分割产生的整齐效果，会给人活泼不受约束的感觉。

该网页使用效果图作为页面的背景，使用色块对页面进行自由分割，页面左右两侧的半透明红色色块相互呼应，页头上下的黑色矩形条同样形成呼应的效果。整个页面在构图上用不规则图形，增强了页面的形式美感和空间感，富有创意和新意。

12.3.2 对称构成

对称具有较强的秩序感，仅局限于上下、左右或者反射等几种对称形式，会显得单调乏味。所以，设计时要在几种基本形式的基础上灵活应用对称构成。下面介绍几种网页中常见的对称方法。

1 左右对称

左右对称是平面构成中最常见的对称方式，该方式能够将对立的元素平衡地放置在同一个平面中。

该网页使用了纵向分割的页面布局方式，将页面进行等比分割，并用高对比度的颜色使页面中的两个部分进一步强化，使整个页面的设计感非常强。

2 回转对称

回转对称构成给人一种对称平衡的感觉,使用该方式对网页进行排版布局,打破了导航菜单单一的长条制作方法,又从美学角度平衡了页面。

该网页使用灰色作为页面的背景色，给人高科技、时尚的感觉。页面的排版布局非常简洁，将不同类型的产品图片围绕着中心的圆环放置，使产品的展示形成一个整体，并且浏览者通过圆环的背景色很容易区别不同类型的产品。

技巧

回转是指在反射或移动的基础上，将基本形体进行一定角度的转动，增强形象的变化。这种构成形式主要表现为垂直与倾斜或水平的对比，但效果上要适度平衡。

12.3.3 平衡构成

在造型的时候，平衡的感觉是非常重要的，平衡造成的视觉满足能使人们在浏览网页时产生一种平衡、安稳的感受。平衡构成一般分为两种：一种是对称平衡，以中轴线为中心左右对称；另一种是非对称平衡，虽然没有中轴线，却有很端正的平衡美感。

1 对称平衡

对称是最常见、最自然的平衡手段。在网页局部或者整体采用对称平衡的方式进行排版布局，能够得到视觉上的平衡效果。

该化妆品网页设计成一个日记本的图形，在网页的中间区域采用了对称平衡构成，分别放置产品宣传广告和相应的介绍内容，使网页保持了平衡的效果。

2 非对称平衡

　　非对称其实并不是真正的"不对称"，而是一种层次更高的"对称"，如果把握不好页面会显得很乱，因此使用起来要慎重。

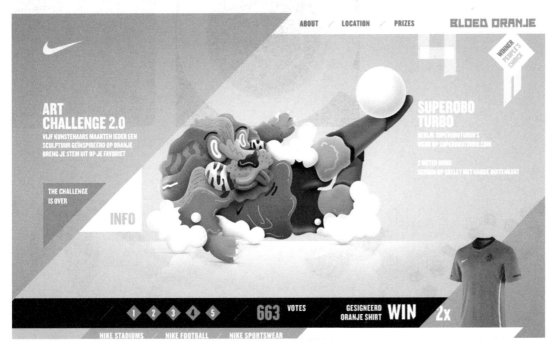

　　该运动品牌宣传网页使用不同明度的灰色将页面划分为 3 个部分，使得页面具有一定的层次感和动感，左上角和右下角不同大小的三角形非对称设计，形成非对称平衡结构。

12.4 咖啡馆网页版式设计

　　咖啡馆网站页面版式设计的重点在于通过构图来吸引浏览者。本节设计的咖啡馆网页采用了左右分布的页面构图方式，并且让左侧的导航菜单压住右侧相应的素材，增加页面内容的关联性，增强页面的层次感。

1 项目背景与文案

项目名称	咖啡馆网页版式设计	
目标定位	向浏览者展示咖啡的种类，使浏览者产生好奇和兴趣，从而促进销售，同时宣传咖啡馆的品牌形象，给人留下良好的印象	
项目资料	投放载体：宣传网站 投放时间：长期使用	版面尺寸：1024px×768px 广告形式：网站
版面主题	"享受最美好的时光"为咖啡馆网页的主题，在页面内容的处理上，以图像与文字相结合的形式自由排版，使得页面看起来更加随性、舒适	

2 素材分析

　　该咖啡馆网页版面设计使用浅灰色的插画作为页面的背景，搭配咖啡与咖啡馆菜单图片，使浏览者一眼就能清楚该网页要表现的内容。页面中还选用了一些咖啡豆与玫瑰花的素材作为辅助图片，表现出美好、舒适、浪漫的氛围。

背景素材

咖啡素材

菜单素材

辅助素材

素材图

素材图

素材图

素材图

素材图

3 案例设计

（01）本案例设计的咖啡馆网站页面，使用左右页面布局方式，左侧安排页面的导航菜单，右侧是页面的正文内容，页面结构清晰。

（02）与咖啡相关的网站页面通常都会采用咖啡色进行配色，本案例也不例外，使用咖啡色作为网站页面的主色调，搭配同色系的色彩和浅灰色，页面整体色调统一，给人一种温馨、舒适的感受。

（03）咖啡馆网站页面通常文字较少，常使用比较自由的构图方式，通过图片与文字相结合的形式，使页面表现出如平面广告般的设计感，给人自由、舒适的感受。

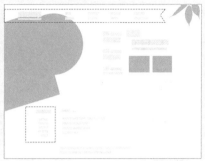

设计初稿

该咖啡馆网页将导航菜单放在页面头部以横向方式放置，表现效果比较传统，缺乏个性。页面中的图片与文字采用整齐的排列方式，整个页面比较规矩，没有什么突出的亮点。

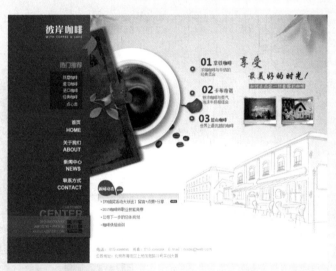

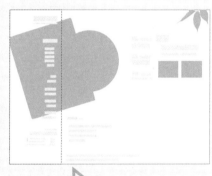

修改后的效果

修改后的页面将导航菜单以竖排的形式放置在版面的左侧，并且采用通栏的方式，使得版面内容的划分非常清晰，浏览者可以明确、直观地感受到页面左侧是导航部分，右侧为主体内容部分。

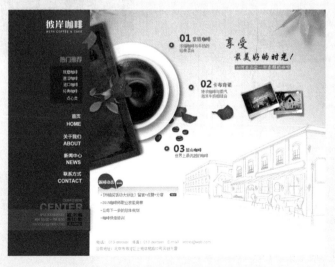

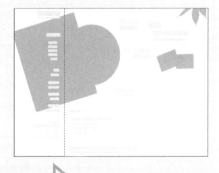

最终效果

最终的页面设计保留左右分布的页面结构，重点对右侧的主体内容进行了调整，将部分内容进行不规则排列，并且对图片素材给予倾斜处理，使版面的表现更加随意、自然，给人一种舒适、亲切的感受。

12.5 手机宣传网页版式设计

强烈的对比可以给人留下深刻的印象，本案例中的手机宣传网页用左右两侧倾斜的区域进行对比，并且将导航菜单也设计为倾斜的效果，与页面的整体风格相统一。

1 项目背景与文案

项目名称	手机宣传网页版式设计	
目标定位	向广大消费者展示该手机的相关特点，激发消费者的购买欲，同时也对品牌形象进行宣传和推广，加强消费者对品牌的认知	
项目资料	投放载体：宣传网站 投放时间：短期使用	版面尺寸：1400px×780px 广告形式：网站
版面主题	"Beautiful"为该手机宣传网页的主题，版面用各种几何形状图形来辅助手机产品的表现，突出表现产品的美观、大方	

2 素材分析

该手机宣传网页的设计以手机图片为主，搭配几何形状的背景素材，使手机产品的表现效果更加现代和具有动感。可以根据实际的设计案例选择合适的设计元素进行版面设计。

背景素材

产品图片

3 案例设计

（01）手机宣传网页的设计重点在于如何通过新颖、个性化的表现形式来突出页面的视觉效果，给浏览者留下深刻的印象。

（02）本案例设计的手机宣传网页使用纯度较高的洋红色与蓝色进行对比搭配，给人很强的视觉冲击力，中间使用浅灰色进行调和，使页面看起来富有动感，对比色彩的面积、大小相对平均，整个网页给人一种均衡感，而鲜艳的对比颜色又能带给人们活泼和动感的印象。

（03）本案例设计的手机宣传网页既简单又不失活泼个性，运用倾斜对比的构图方式构成网页版面，使版面产生很强的动感效果。

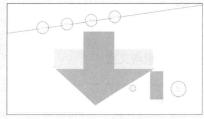

设计初稿

该手机宣传网页上方使用洋红色块对页面进行倾斜分割,并将导航菜单沿色块进行倾斜排列,版面的分割让人感觉生硬。在页面的中心位置用色块的对比突出了产品。

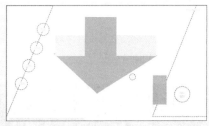

修改后的效果

修改后的页面将洋红色和蓝色两部分色块图形分别放置在页面的左右两侧,使页面产生强烈的对比效果,并且与中心的产品产生呼应。但是页面的表现效果还是过于平淡,现代感和动感的效果不够强烈。

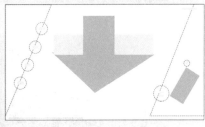

最终效果

该网页的最终设计依然保留页面左右的色块对比,使页面产生强烈的视觉冲击力,在页面中搭配一些立体的几何形状图形,使该网页版面产生很强的立体感和动感,整个网页版面非常时尚,充满现代感。

12.6 房地产网页版式设计

　　本案例设计的房地产网页要传达的信息较少，所以要在有限的页面空间中合理安排图像和文字，使页面主题突出。运用特殊的布局方式对页面进行排版设计，在页面中为相应的部分添加背景纹理效果，这些细节都能体现出网页的细腻和独特。

1 项目背景与文案

项目名称	房地产网页版式设计
目标定位	向广大有购房需求的人士传达该房地产项目的品位与优势，打动消费者，同时对该房地产项目的形象进行宣传
项目资料	投放载体：形象宣传网站　　　版面尺寸：1920px×948px 投放时间：长期使用　　　　　广告形式：网站
版面主题	"达吟·茗灏从稀有到私有的拥有过程"，充分体现出该房地产项目的高端品质与良好生活配套

2 素材分析

　　该房地产网页的设计使用样板房的内景图片作为网页的背景主宣传图片，充分体现出该房地产项目的精致与奢华，搭配该房地产项目的 Logo 与相关图片，使浏览者对该房地产项目有更深入的了解。

背景素材

楼盘Logo

楼盘素材

辅助素材

3 案例设计

（01）房地产网页设计需要根据该房地产项目的定位来布局和搭配色彩，从而表现出与房地产项目相匹配的品位与气质。

（02）本案例设计的房地产网页使用明度和纯度不同的棕色进行配色，棕色可以给人安全、安定和安心感，棕色与同色系的色彩进行搭配，更能彰显踏实、稳重的感觉，整个网页的配色给人稳定、大气的印象。

（03）本案例设计的房地产网页运用特殊的版面布局方式，将导航菜单放置在页面的中间位置，上半部分为大幅的宣传图片，下半部分为企业的相关新闻，网站的 Logo 和项目模型放置在页面的右侧，形成 一种独特的、富有个性的布局方式，给人留下深刻印象。

案例分析

 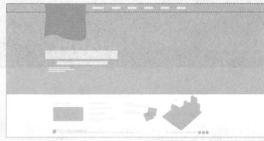

设计初稿

该房地产页面设计采用传统的上、中、下布局方式，将导航菜单放置在页面顶部，接下来是大幅的宣传图片，再往下是页面的主体内容。这样的布局方式结构清晰，但缺乏特点，无法给人带来别致、新颖的感受。

 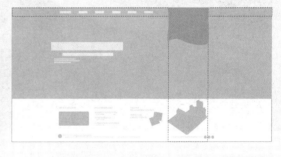

修改后的效果

修改后的网页设计同样采用上、中、下的页面布局结构，但是将 Logo 图片移至页面的右侧并使用半透明色块将 Logo 图片与下方的楼盘模型联系在一起，版面的构图富有变化，但右侧中间部分没有内容，显得比较空旷。

 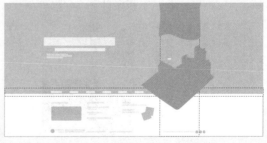

最终效果

最终的网页设计保留了上、中、下的页面布局结构，但是将导航菜单移至页面的中间部分，形成一种富有个性的版面设计。页面右侧进行了调整，将项目模型图片放大，横跨版面的多个部分，使页面的表现效果更加突出和新颖。

12.7 优秀作品赏析

CHANEL（香奈儿）官方网页采用极其简约的设计风格，只突出两个元素：一是品牌，二是主打产品。黑色的背景色搭配白色的文字及产品广告图片，表现出品牌的高贵气质。

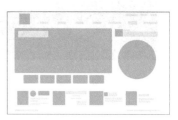

麦当劳官方网页采用常见的传统网页布局形式，用麦当劳企业形象中的红色和黄色作为页面配色，从文字排列到图形处理，从版式安排到色彩的配置，都体现出和谐有序的特点。

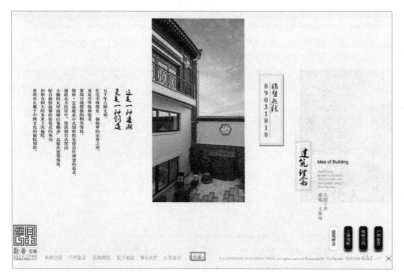

该网页是一个房地产网页，用印章、书法字体等元素凸显出中国传统特色以及人文气息，这些元素的应用是为了更好地表现该楼盘的文化气息和传统的特点。

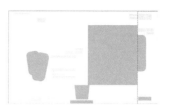

该手机宣传网页在设计中注重现代流行风格的呈现，运用强烈的色彩对比、自由的版式，让浏览者在轻松、休闲的气氛中随意地进行操作和浏览。整个网页表现出很强的时尚感和现代感。

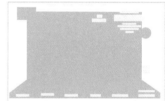

多乐士品牌宣传网页运用颜色绚丽的条纹作为背景来烘托人物和产品的形象，极大地丰富了网页中其他元素的层次感，让整个网页看起来更加动感、有活力。

该品牌相机网页采用独特的设计构思，将产品分为四个部分并以全屏的方式进行展示，当鼠标移向某个部分时，便会出现一些相关的信息，实用性很强。

12.8 本章小结

在设计网页版式时，由于页面的排列方式和布局的不同，每个位置的重要程度也不同。本章详细介绍了网页版式设计的相关知识，通过本章内容的学习，读者需要掌握各种网页构图的表现形式，并能够在网页版式设计中灵活地运用各种不同类型的网页构图表现方式。